卓越工程师教材
EXELLENT ENGINEER

先进制造技术
概念与实践

张 辉 杨林初 编著

U0264830

江苏大学出版社
JIANGSU UNIVERSITY PRESS
镇 江

图书在版编目(CIP)数据

先进制造技术：概念与实践/张辉,杨林初编著
. —镇江：江苏大学出版社,2016.12
ISBN 978-7-5684-0384-9

Ⅰ.①先… Ⅱ.①张… ②杨… Ⅲ.①机械制造工艺
—高等学校—教材 Ⅳ.①TH16

中国版本图书馆 CIP 数据核字(2016)第 309412 号

内容简介

本书按教学规律,依据机械专业课程教学的实训基本要求和相关工程训练教学改革精神,结合近年来先进制造技术实训教学改革实践,以船舶主机行业为背景编写而成。

本书共 4 篇 18 章,主要内容包括数字化设计技术、数字化制造技术、特种加工技术、测量检测技术,内容丰富、深入浅出,结构清晰合理,从数字化设计制造的角度,对船舶主机行业的相关内容进行了介绍,突出了工程实践性、相关技术的串联性、原理与实践的结合性及先进的数字化制造理念。

本书可作为高等院校机械类各专业先进制造技术课程的理论教学与实践教材,也可作为高职高专相关专业师生和工程技术人员的参考书。

先进制造技术：概念与实践
Xianjin Zhizao Jishu：Gainian yu Shijian

编　　著/张　辉　杨林初
责任编辑/吴蒙蒙
出版发行/江苏大学出版社
地　　址/江苏省镇江市梦溪园巷 30 号(邮编：212003)
电　　话/0511-84446464(传真)
网　　址/http://press.ujs.edu.cn
排　　版/镇江文苑制版印刷有限责任公司
印　　刷/虎彩印艺股份有限公司
开　　本/787 mm×1 092 mm　1/16
印　　张/15
字　　数/387 千字
版　　次/2016 年 12 月第 1 版　2016 年 12 月第 1 次印刷
书　　号/ISBN 978-7-5684-0384-9
定　　价/38.00 元

如有印装质量问题请与本社营销部联系(电话：0511-84440882)

前　言

先进制造技术(Advanced Manufacturing Technology,AMT)是指微电子技术、自动化技术、信息技术等先进技术给传统制造技术带来的种种变化与新型系统。具体地说,就是指集机械工程技术、电子技术、自动化技术、信息技术等多种技术为一体所产生的技术、设备和系统的总称。先进制造技术日益成熟与发展,已成为21世纪增强制造业竞争力、实现中国制造的关键技术。

为适应科技进步与社会的发展需要,开阔学生视野,让学生掌握先进制造技术的运用技能,国内外多数高校在机械相关专业高年级学生教学中开设了"先进制造技术"课程及相关的实践课程。编者结合近年来自身在机械专业教改实践中的经验,依托船舶主机行业工程实践背景,以培养学生动手实践能力为目的编写此书。

本书共分4篇18章,介绍了先进制造技术的主要内涵和基本实践方法,主要内容包括数字化设计技术、数字化制造技术、特种加工技术、测量检测技术,内容丰富,适应面宽,实践性强,可作为机械制造及其自动化、机电一体化、数控加工、企业信息化、工业工程等工科类专业先进制造技术实践教学的教材。

编者在编写的过程中,力求做到结构体系清晰、深入浅出、易读易懂,按照设计、制造、特种工艺、检测的路线展开,便于施教。本书偏重数字化技术在先进制造技术中的运用,以各类数字化平台软件为重点内容,同时注重实践操作环节,以船舶主机行业为载体进行展示。

本书由江苏科技大学张辉、杨林初编著,张辉统稿,周宏根教授主审。张辉编写了第1—6,9,10,16—18章;杨林初编写了第7,8,11—15章。周礼鹏参与编写了第1、2章,王永霞参与编写了第3章,周经纬参与编写了第4、5章,韩振洲参与编写了第6章,王伟参与编写了第8章,费天鸣参与编写了第10章,查显超参与编写了第17、18章。李初阳、张攀、唐维康也参与了本书的部分编写工作。

本书在编写过程中得到了学院领导窦培林教授、唐文献教授、张冰蔚教授及方喜峰教授、张胜文教授的支持,得到江苏大学出版社、江苏科技大学教务处及机械工程学院有关同仁的帮助,得到了江苏科技大学江苏省船海机械装备先进制造重点实验室的支持和帮助,在此表示衷心的感谢。

由于编者水平和经验有限,书中错漏之处在所难免,恳请广大同行和读者予以批评指正。

编著者

2016 年 10 月

目　录

第四篇　测量检测技术

第 1 章　先进制造技术总论

1.1　制造与制造业的概念

1.1.1　制造、加工与生产

1. 制造

制造,英文为 manufacturing。该词起源于拉丁文词根 manu(手工)和 facere(做)。这说明,从古至今人们习惯将"制造"理解为"用手来造"。随着社会的进步和制造生产活动的发展与演进,"制造"的概念也在不断地演变与进化。

制造这一术语在使用中有狭义与广义之分。

(1)狭义制造

狭义制造,又称"小制造",是指产品的制作过程,即使原材料(矿产或动植物)在物理性质和化学性状上发生变化而转化为产品的过程。传统上人们理解的"制造业"中的"制造"二字便是此意。人们将"制造"理解为产品的机械加工与装配过程。例如,"机械制造基础"主要介绍各类冷加工和热加工方法,包括车、铣、刨、磨、钳及热处理等。

(2)广义制造

广义制造,又称"大制造",是指产品的全生命周期活动过程。国际生产工程学会(CIRP)1990 年给出了定义:制造是一个涉及制造工业中产品设计、物料选择、生产计划、生产过程、质量保证、经营管理、市场销售与服务的一系列相关活动和工作的总称。根据广义制造的概念,制造的功能可在以下 4 个过程实现。

① 制造工艺过程:制造过程必然将制造的原材料经过一系列的转换使之成为产品,这些转换既可以是原材料在物理性质上的变化(例如:对机械产品的铣削加工),也可以是原材料在化学性状上的变化。工艺过程是制造企业的重要制造活动。

② 物料流动过程:制造过程总是伴随着物料的流动过程,包括物料的采购、存储、生产、装配、运输、销售等一系列物流活动。各类物料在企业内部与企业外部和企业各部门之间流转与运输,构成了企业运营的重要制造活动内容。

③ 信息流动过程:制造过程中,除了物料的流动,还始终伴随着各类信息的流动。一方面,制造企业获得原始的市场需求信息,通过产品设计、工艺设计、加工制造等活动形成市场所需要的产品,在整个制造过程中同时进行着市场需求信息和产品信息的处理;另一方面,制造企业通过生产计划和管理手段控制着整个生产制造过程,使制造过程能够顺利、有效地协调进行,在有限的资源条件下,尽量生产出更多高质量的产品,获取更高的利润,因此,制造过程中还伴随着大量的管理信息和控制信息。

④ 资金流动过程：以市场为导向，以利润为目标的企业各项活动与制造过程中的资金流动密切相关，制造企业的采购、设计、生产、销售、物流、服务等都伴随着资金的"逆向"流动。在新的多变市场条件下，注重资金流动性的小型企业更多地关心其利润率最高的"核心"业务，更加体现出资金流动在现代企业中的重要性。

简言之，狭义制造是通过人工或机器使原材料变为产品；广义制造是指产品全生命周期过程的全部活动，包括市场分析、产品开发、生产技术准备（产品设计、工艺编制、装备设计制造）、产品生产、生产组织和管理、质量管理、运输、维修保养及报废回收和再制造等。

2. 加工

加工(Machining)是把原材料直接变换为产品的物理过程。一般通过改变毛坯或半成品的形状、性质和表面状态以达到设计所规定的技术要求。

3. 生产

生产(Production)是指人们使用工具来创造各类生产生活资料的活动。它包含4个要素，即生产对象、生产劳动、生产资料和生产信息。

4. 制造、加工、生产的关系

从制造和加工的定义可知，狭义制造主要包括加工和装配。加工是制造活动的关键内容之一。加工系统是制造系统主要的子系统，加工车间或部门是制造企业的重要机构。由此可见，制造和加工是包含关系，不能混淆，更不能并列使用。

从制造和生产的定义可知，广义制造包含生产，生产过程是制造过程中的一个重要活动，生产系统则是制造系统中的一个重要子系统；若使用狭义制造的概念时，制造系统则成为生产系统的一个组成部分，成为生产过程的一个生产单元，实际上指的是加工和装配。从词语使用的语境来看，制造是工程学中的一个常用术语，较多地使用于工程技术领域，而生产通常包含有形和无形两种产出，常出现在政治或经济管理领域。

1.1.2 制造业的内涵

制造业是指将制造资源（物料、设备、工具、资金、技术、信息和人力等）通过制造过程转化为可供人们使用和消费的产品的行业。它是所有与制造相关的企业生产机构的总称，包括消费品制造业、装备制造业、轻型制造业和重型制造业、民用制造业和军工制造业、传统制造业和现代制造业等。

制造业按行业可划分为机械制造、运输设备制造、仪器仪表制造、废弃资源综合利用、食品制造、化工制造、石油产品制造、冶金产品制造、军工产品制造、电子产品制造、信息产品制造、医药制造、纺织制造等。按我国目前的统计体系划分，在工业领域，除矿产、自来水等少数行业，制造业几乎包含了所有行业。

1. 制造企业分类

美国国家研究委员会(NRC)将制造企业分为两大类。

① 物质企业：把原材料和可重复利用的毛坯件转变为可分离的半成品和最终物件的企业，如钢铁厂、化工厂等。物质企业所用的制造系统通常被组织在供应链网络中，常常以其他企业供应商的身份出现于市场之中。

② 产品企业：把分离的半成品和物件转变或装配成整体产品的企业。产品企业一般要求有众多的物质企业支持，在供应链网络支持下完成最终产品的加工与装配。这类企业的

制造系统主要是某些关键部件(如汽车发动机、变速箱等)的制造和总装系统。

2. 制造业的发展阶段

制造业的发展可以粗略地划分为古代、近代和现代 3 个阶段。

古代没有清晰分类的制造业,人类在不断地搜集和摸索中总结经验,从制造工具开始了原始的制造活动。"直立和劳动创造了人类,而劳动是从制造工具开始的"。最初的制造工具是石器工具。人类文明便以此划分为旧石器时代和新石器时代。这些原始工具的制造是人类社会制造业的最初萌芽。随着狩猎和采集技术的进步,工具日趋精细,出现了有组织的石料开采与加工,形成了原始的制造业。在新石器时代,人类从采集和狩猎转向耕作与畜牧。到了青铜器与铁器时代,制造业以手工作坊的形式出现,形成了各类利用人力或畜力纺织、铸造等所需的农耕器具等的原始制造活动。

近代制造业开始于 18 世纪,蒸汽机的发明为制造业提供了新的动力,初步形成了传统的大机器制造业及其制造技术体系。到 19 世纪,工业革命继续深入发展,生产规模进一步扩大,制造技术进一步提升,诞生了新型冶炼技术、内燃机技术和电气技术。20 世纪初,流水线形式的大量生产方式,显著提高了生产效率,创造了人类历史上制造业的辉煌。以机电自动化为基础的制造自动化在这一时期达到了相当高的水平。当时的市场需求、科技与生产力发展水平,决定了近代制造业的发展重点是以机床、工艺、工具和检测等"物"为主题的机械制造技术。

现代制造业以计算机的融入为显著标志。第二次世界大战后,数字计算机融入制造领域,1952 年美国推出了数控机床并很快应用到工业领域。自此,世界生产迈进了数字化制造时代。20 世纪 70 年代,随着市场竞争的加剧,大量生产方式开始逐步向多品种、中小批量生产方式转变。20 世纪 90 年代,随着计算机和网络技术的飞速发展及与制造技术的融合,数字化制造日益成为主流的制造技术,制造工程开始了向制造工程与科学的过渡,更新与扩大了制造系统的学科基础。现代制造业的发展成就主要集中于数字化、信息化、系统化和科学化等。

3. 世界制造中心的转移

世界制造中心的转移是在技术革命和产品革命中形成的。到目前为止,世界制造中心已经经历过了三次转移,并正在进行第四次转移。历史上,英国、德国、美国和日本这 4 个国家都可以被称为"世界工厂"或"世界制造中心"。

① 第一个被称为世界工厂的国家是英国:1760—1850 年,英国制造业在世界制造业总量中所占比例从 1.9% 上升到 19.9%。当时,英国生产全世界 53% 的铁和 50% 的煤。第一次技术革命和产业革命,标志着世界制造中心的产生。英国作为世界制造中心和科技中心的地位一直保持到 19 世纪后期。

② 世界制造中心第一次转移:1851—1900 年,德国的哲学革命给德国的科学革命开辟了道路,使人类进入合成化学时代和人工制品时代。德国仅用 40 多年的时间就超越了英国,实现了工业化,成为世界科技与制造中心。

③ 世界制造中心第二次转移:1879—1930 年,发生在美国的第二次技术革命——电力技术革命,使美国建立和完善了化工与电力产业,成为石油化工技术王国,诞生了一大批垄断性企业。在此基础上,美国大力发展汽车行业,1927 年汽车总产量占世界市场的 80%。美国取代德国成为世界科技中心和制造中心,并在第二次世界大战之后,在第三次技术革命中,

凭借信息技术为主的高技术群,保有世界科技中心和世界制造中心的桂冠。

④ 世界制造中心第三次转移:第二次世界大战后,日本提出了"技术立国"的口号,采用引进、吸收、创新的方法,博采各国技术之长,组成世界独一无二的日本产品系列,迅速发展成为世界第二大经济体,GDP 占世界总额的 15%。20 世纪八九十年代,日本取代美国成为世界制造中心。

目前,世界制造中心正在往中国转移。从这几次制造中心转移的过程可以发现,全球制造业中心的转移都是以科技创新为基础的,制造业大国也都是科技强国。

4. 制造业的作用

（1）制造业是人类文明发展的重要推手

在人类文明发展的历史长河中,每一次文明进步和发展总是伴随着制造产品的重大创新。石器时代基于石制工具,青铜器和铁器时代基于金属制品,近代的世界制造中心也都围绕着一次次的制造业重大革新而转移。从某种意义上说,人类文明的发展历史就是人类展现制造物品能力的历史。制造业不仅是文明向前进步的重要推手,也是文明湮灭的重要原因,人类历史上重要的文明变革都与民族间或文明间的制造业差异密切相关。秦灭六国与其箭、戈武器的标准化制造水平不无关系,美洲印第安人几乎被欧洲殖民者灭族根源在于两者间制造工业水平差距之大,近代中国百年屈辱历史亦与近代中国几无工业关系甚大。

（2）制造业是国民经济的支柱产业和经济增长的发动机

从经济角度看,制造业是一个国家经济发展的基石,也是增强国力的基础。制造业的先进性是一个国家经济发展的重要标志。据估计,工业化国家 60%～80% 的物质财富来自制造业。高精技术产品、关键装备能自给自足,而不依赖进口是国家经济自力更生能力的重要标志。强大的制造业不仅可以满足国内市场的需求,而且可以出口创汇,提高国际地位。在现代国际经济中,一个国家想要拥有强大的经济,尤其是像中国这样的大国,没有强大的制造业是不可想象的。

（3）制造业是高技术产业化的载体和实现现代化的基石

从技术角度看,制造业是使技术转化为生产力的基础。以美国来看,制造业企业几乎囊括了整个国民经济产业的全部研究与开发,提供了制造所用的大部分科技创新,使美国经济增长的大部分技术进步长期都来源于制造业。纵观工业化历史,众多的科技成果都孕育于制造业的发展之中。制造业也是科研手段的提供者,20 世纪涌现的核技术、空间技术、信息技术、生物医学技术等高新技术无一不是通过制造业的发展而产生并转化为规模生产力的。新兴的科技成果,如集成电路、移动通信、互联网、航天飞机等产品,形成了制造业中的高新技术产业。

综上所述,制造业是现代物质文明的基础,是国防安全的保障,是国民经济的主体和支柱,是技术进步的需求和舞台,是国际竞争的取胜法宝。

1.1.3　我国制造业的现状

制造业是新中国成立以来经济发展的主要贡献者,没有中国制造业的发展就没有今天中国人民的现代物质文明。

1. 制造业已成为国家命脉

① 制造业是关系国计民生的产业主体：制造业是国民经济的基础，制造业的发展直接影响着国计民生的发展及国防科技力量的加强。一个国家的制造业不仅是社会经济发展的基础，也是人类精神文明发展的载体。因此，各国均把制造业的发展放在社会经济建设的首要位置，制造业也以其发展完善、分工严密、专业化程度高、需求量大等特点成为国家竞争力的主要标志。进入 21 世纪，我国制造业飞速发展，制造业增加值屡创新高，逐渐成为国民生产总值及工业生产总值的重要组成部分。

② 制造业是吸纳劳动就业的重要市场：制造业的发展中，存在着大量的从业就业机会，能够接纳多个层次不同类型的人才。制造业由于其独特的优势成为解决我国就业人口压力的重要途径。制造业对增加就业机会的贡献主要表现在两个方面：一是制造业自身发展创造的机会；二是伴随制造业的发展，相应的服务行业逐渐兴起，带动了大量的第三产业的就业机会。

③ 制造业是我国扩大出口和内需的关键产业：改革开放以来，中国经济持续高速增长，很大程度上依靠出口的拉动。但是随着全球经济格局的变化，特别是 2008 年金融危机以来，出口拉动型增长面临越来越多的困难。在经济增长方式由外需拉动转向内需消费与外需拉动结合的同时，充分发展具有高技术含量的制造业，以弥补大量初级产品价格不断走低、竞争力缺乏的不足，成为拉动经济发展的重要方式。随着经济全球化的发展，更多的国家不断扩大制造业产品的出口及国内消费需求，以拉动国际市场竞争力和附加值。欧美等发达国家的制造业出口值均占其出口总值的 90% 以上。随着国际经济的发展，我国也在大力促进制造业的发展，20 世纪以来，我国制造业出口额显著提高，已经成为扩大出口和内需的关键产业。

2. 我国已跻身世界制造大国行列

① 提供重大成套装备能力不断提高：我国制造业已经初步具有世界制造大国的规模和水平。在几代人的不断努力之下，我国提供重大成套装配的能力不断提高。华能沁北 600 MW 超临界火电站成套设备；装有 32 台发电机组、功率达到 2240 万 kW 的三峡水电站；宝钢三期工程 250 t 氧气转炉设备；先进的水下探测器"潜龙 2 号"；我国领先世界的高铁技术等凸显了我国制造业大国的能力和形象。

② 制造业总体规模已居世界前列：近年来我国制造业规模已跃居全球首位，占全球制造业的 20% 左右，并且门类最为齐全。在农用机械、摩托车、集装箱、太阳能、空调等家电领域遥遥领先。中国制造也已经远销海内外，中国制成品在海内外的占有额增长迅速。发改委决定，近些年着重发展工业机器人、船舶海洋工程装备、高端医疗器械、新能源汽车、现代农业设备、轨道交通等六大领域，开始集中力量做大事，使中国制造不断走向"中国创造"，提高我国制造业的技术含量，使我国制造业规模完成质与量的综合飞跃。

③ 各具特色的制造业基地逐渐形成：根据我国不同区域的发展历史和市场需求，制造业市场也形成鲜明的格局。东北老工业基地由于长期沉淀的工业基础，成为独具特色的重大成套设备制造集中地；长三角地区以上汽等一大批汽车企业为代表，形成了以上海为中心，江苏、浙江为两翼的长三角汽车工业制造基地；珠三角地区依靠先进的电子设备制造技术，逐渐发展成为家用电器、电子产品及通信设备等的制造基地。由于国家需要，西部国防装备制造基地正在形成。这些各具特色的制造基地在我国制造业发展中起到各自关键的作用。

3."中国制造"的"新常态"

近年来,我国 GDP 增长放缓,由过去的高速增长转变为中高速增长的常态,而中国的制造业受各种内外部因素和压力影响,也开始进入"新常态"。

① 成本优势逐步削弱。美国波士顿咨询集团发布的报告指出,在全球出口量排名前25位的经济体中,如果以美国的制造成本为基准100,则"中国制造"的成本指数为96。这意味着"中国制造"传统劳动密集型制造业竞争力逐步消失。

② 企业行为越来越由消费者需求驱动。消费者的需求越来越多元化,对产品质量、创新性等要求高;个性化的需求越来越多,要求对需求响应的时间越来越短;对服务质量的要求越来越高。能否紧紧抓住消费者的需求、满足消费者的体验,在很大程度上决定了企业的成败。

③ 出口增速放缓。国际贸易受困于全球经济疲软,"中国制造"出口数据增速放缓,过去多为两位数增长,如今已经降至一位数,甚至短期出现负增长。

④ 面临环境与资源的挑战。近 10 年来中国制造业快速发展,在消耗大量能源的同时,也给环境带来了巨大的影响,制造业高污染、高能耗的问题愈加凸显。解决该问题需从两方面着手:一方面企业需要强化产品全生命周期绿色管理,按照先进制造技术中的绿色制造理念,努力构建高效、清洁、低碳、循环的绿色制造体系;另一方面在政府的指导下进行产业结构调整,发展清洁能源及加大各类节能技术与节能设备的研究与应用。

1.1.4 我国制造业问题表现分析

尽管我国制造业总产值位居世界第一,也不乏产量居世界前列的产品,制造业的国际竞争力不断提高,但是与发达国家相比,依然还有较大的差距。

1.制造业总体问题

① 技术创新能力薄弱。技术创新能力是一个国家制造业发展的根本。中国由于制造业起步较晚,在技术创新方面仍然存在较多不足;一些核心制造的关键技术还依靠国外引进;绝大多数高端电子设备依靠进口;拥有自主知识产权的产品较少,对引进技术的消化吸收也大多停留在仿制阶段,不能真正掌握核心技术;受到生产设备和技术理念的制约,工艺加工水平也比较粗糙。因此,急需把提高自主创新能力作为调整产业结构,转变经济增长方式的中心环节,从政策环境、对外交流、融资氛围、基础设备、创新文化等多个方面有效促进制造业创新能力的发展。

② 处于全球产业链的低端。21 世纪以来,"中国制造"一度风靡全球,但一些有远见的人逐渐发现,中国仅仅是世界制造业的一个大型加工厂,中国制造业发展不容乐观,高技术产品严重依赖进口。光纤设备、集成电路芯片等设备进口率超过 90%,石油化工设备、汽车核心部件、数控机床、纺织机械市场均被进口产品所占领,自主研发产品所占比例微乎其微。"中国制造"仅仅作为全世界制造中较为低端的一个环节,中国大量出口产品缺乏核心技术,主要集中在初级产品包括手工业等产品上。我们生产的衣服、箱包及农产品技术含量低、利润小、可替代性强,缺乏核心竞争力,屡屡受到外国市场的压制。因此,提高我国制造业的技术水平迫在眉睫。

③ 产业结构不合理。我国制造业总体结构偏轻,装备制造业基础薄弱,机电产业发展缓慢,制造业产业技术停滞不前,并且长期受到国际封锁、行业垄断的影响,加上自身法制不健

全,使得我国生产要素分配、资源流动和重组困难重重,组织结构较为分散。

④ 劳动生产率及附加值低。近 10 年来,我国劳动生产率及附加值稳步上升。2015 年我国劳动生产率提高 7%,但是与发达国家还有很大差距。我国劳动生产率的提高主要集中于中低技术的制造业,人均劳动生产率仅为美国的 1/25,日本的 1/26;装备制造在制造业中所占的比重依然较低,拥有自主知识产权的产品并不太多,依附于国外技术的产品所占比重仍然过大;国企改革没有到位,围绕大型企业的中小企业群体也未形成,主要还停留在劳动密集阶段。

2. 制造企业问题

① 国有企业体制不适应。随着中国特色社会主义的发展,我国的制造企业重点集中在国有企业。国有企业拥有雄厚的资本和制造资源,但是由于机构过于庞大、体制更新较慢、管理机能落后、革新执行力较弱,很多国家新兴技术理念难以落实,部分企业部门多头管理,应变能力大大削弱,无法对市场需求快速反应。同时也导致技术研发、生产、营销和维护难以协调发展。

② 生产管理手段不先进。工业发达国家中,许多先进的管理模式已经得到推广,包括企业资源计划(Enterprise Resource Planning,ERP)、客户关系管理(Customer Relationship Management,CRM)、供应链管理(Supply Chain Management,SCM)、电子商务(Electronic Commerce,EC)等模式。我国大部分企业管理模式落后,先进管理理念缺乏,产品物料清单混乱、生产计划精度较低,从而导致生产成本大幅度提高,产品生产周期过长。很多企业开始引进国外先进管理系统,但是落实难度较大。

③ 企业组织结构不合理。随着企业的逐步发展,企业规模不断扩大,不少企业出现了机构组织僵硬、臃肿的现象,企业内部执行力降低,简单事情被逐步复杂化,造成工作效率低下;也有一些企业忽视企业文化的建设,一味强调生产的重要,从而造成企业信息传递环节冗乱,决策力下降,缺乏对市场行情变换的快速响应能力。

④ 制造技术水平较低下。在制造业日益强调柔性化、智能化、精密化的背景下,制造技术水平直接反映制造业发展的能力。未来的制造单元工艺将导致生产能力急剧变化。我国众多企业创新能力较弱、技术水平低,难以应对制造业全球化、信息化的挑战。许多企业采用的传统生产模式在能源、材料和人员方面都造成了较大的浪费,急需做出改变。

1.1.5　我国制造业的目标

新中国成立尤其是改革开放以来,我国制造业持续快速发展,建成了门类齐全、独立完整的产业体系,有力地推动了工业化和现代化进程,综合国力显著增强,然而,与世界先进水平相比,中国制造业仍然大而不强,在自主创新能力、资源利用效率、产业结构水平、信息化程度、质量效益等方面差距明显,转型升级和跨越发展的任务紧迫而艰巨。

工业 4.0 是德国政府提出的一个高科技战略计划,旨在提升制造业的智能化水平,建立具有适应性、资源效率及人因工程学的智慧工厂,在商业流程及价值流程中整合客户及商业伙伴。其技术基础是网络实体系统及物联网。

根据德国工业 4.0,我国首次提出了"中国制造 2025"这一概念。《中国制造 2025》是我国实施制造强国战略第一个十年的行动纲领,为中国制造业转型升级设计了规划,将"中国制造"向"中国智造"推进,突出表现为转型升级和价值链攀升。一方面,原有劳动密集型产业向东南亚和印度等劳动力成本更低的国家转移；另一方面，中国制造正向价值链更高端产品延伸，制造业和互联网紧密融合。

中国制造业目标：

① 力争用10年时间，迈入制造强国行列。到2020年，基本实现工业化，制造业大国地位进一步巩固，制造业信息化水平大幅提升。掌握一批重点领域关键核心技术，优势领域竞争力进一步增强，产品质量有较大提高。制造业数字化、网络化、智能化取得明显进展。重点行业单位工业增加值能耗、物耗及污染物排放明显下降。到2025年，制造业整体素质大幅提升，创新能力显著增强，全员劳动生产率明显提高，两化（工业化和信息化）融合迈上新台阶。重点行业单位工业增加值能耗、物耗及污染物排放达到世界先进水平。形成一批具有较强国际竞争力的跨国公司和产业集群，在全球产业分工和价值链中的地位明显提升。

② 到2035年，我国制造业整体达到世界制造强国阵营中等水平。创新能力大幅提升，重点领域发展取得重大突破，整体竞争力明显增强，优势行业形成全球创新引领能力，全面实现工业化。

③ 新中国成立100年时，制造业大国地位更加巩固，综合实力进入世界制造强国前列。制造业主要领域具有创新引领能力和明显竞争优势，建成全球领先的技术体系和产业体系。

"中国制造2025"是在新的国际国内环境下，中国政府立足于国际产业变革大势，作出的全面提升中国制造业发展质量和水平的重大战略部署。其根本目标在于改变中国制造业"大而不强"的局面，通过10年的努力，使中国迈入制造强国行列，为到2035年将中国建成具有全球引领能力和影响力的制造强国奠定坚实基础。

1.2 先进制造技术的提出及其特点

1.2.1 先进制造技术产生背景

传统的机械制造已有很长的历史，它对人类的生产和物质文明起到了极大的作用。但随着科技和社会的发展，传统的制造技术面临着巨大的压力：

① 供货方面的压力。由于新兴国家和地区，特别是环太平洋的国家和地区经济的迅速发展，打破了原有的世界市场份额分配格局，因而出现了重新分配国家市场份额的激烈竞争。

② 用户方面的压力。随着社会的进步，人们对产品多样化的需求越来越大，因而产品的批量越来越小。用户对产品的要求越来越高，产品需要多变的型号、低的价格、高的质量、按期交货和良好的服务等。

③ 社会方面的压力。人类要求一个更加安全和舒适的生存环境，因此无污染和无公害的绿色产品和清洁制造的呼声日益高涨。

④ 技术进步方面的压力。由于新技术的迅速出现，使得产品技术越来越复杂、产品的开发周期越来越长，而产品的生命周期则越来越短。

由于传统制造技术已经不能适应当今制造技术发展的要求。近30年来随着科学技术的进步，微电子技术、光电子技术、计算机技术已经得到广泛的应用，这些新技术的产生和应用推动了传统机械制造向先进制造技术转变。传统的制造技术在巨大的压力下逐步向先进制造技术转变。先进制造技术的提出和发展有其深刻的技术背景和社会背景。

1.2.2 先进制造技术的提出

制造业的发展经历了单一手工生产、小批量生产、少品种大批量生产、多品种大批量生产的阶段。随着近代制造业技术科技的不断更新,制造资源也由劳动密集型产业向技术密集型产业转移。进入21世纪,随着互联网技术的发展,制造业又逐渐走向以信息技术为中心的舞台。从传统的手工制造发展到机械化生产,进而更进一步地发展了柔性化生产和智能化生产的模式。

随着各种制造技术的不断革新,先进制造技术(Advanced Manufacturing Technology,AMT)的概念于20世纪80年代在美国首次被提出。由于美国和苏联的竞争日益白热化,国防、军工等多项大型制造业面临严峻的挑战和拓展的压力,美国根据自身制造业存在的问题进行了调查反馈,制定了"先进制造技术(ATP)计划"和"制造技术中心(MTC)计划"。20世纪90年代初,克林顿政府发起了振兴美国经济计划,突出了现代装备制造业的支撑作用,提出了增强产品市场竞争力的关键是发展"先进制造技术"的新观念。由此,先进制造技术作为一个新的概念在政府层面上被接受,同时作为一项高层次水平上的制造技术受到众多发达国家及部分新兴工业国家的重视。在美国制造业引起了革新的风暴,给美国制造业领域带来了新的思潮,显著地推动了美国制造业的发展。随后发达国家的争相效仿。以日本为主导,多国制定并参与"智能制造技术计划(IMS)",该计划于1992年秋开始执行,预算投资10亿美元,形成了一个大型国际共同研究项目,旨在组合工业发达国家的先进制造技术,探索将研究成果转变为生产技术的途径及开发下一代的标准化技术。其目标重点是实现制造技术的体系化、标准化,开发出能使人和智能设备不受生产操作和国界限制、彼此合作的高技术生产系统,以适应当今制造全球化的发展趋势。在欧共体各国,政府和企业界共同掀起了一场旨在通过"欧共体统一市场法案"的运动,制定了一系列发展计划。如尤里卡计划(EREKA)、欧洲信息技术研究发展战略计划(ESPRIT)、欧洲工业技术基础研究计划(BRITE)。德国也在20世纪末提出了"德国制造2000"的计划,进而提出了"工业4.0"计划。这些计划都有效地促使各国的制造业技术得到长足的发展。

我国制造业发展起步较晚,大型制造业技术较为落后,但是改革开放以后,国家开始大力投入先进制造领域。20世纪90年代,我国启动了AMT基础重大自然科学基金项目研究。1995年9月《中共中央关于制定国民经济和社会发展"九五"计划和2010年远景目标的建议》中明确提出要大力采用先进制造技术,先进制造技术是一个国家,一个民族赖以昌盛的重要手段。《全国科技发展"九五"计划和到2010年长期规划》中明确将先进制造技术专项列入高技术研究与发展专题。先进制造技术的提出,给我国制造业指明一个新的方向与目标,引领了又一个制造业技术现代化的革新浪潮。

目前,现代制造系统中,有的技术已经相当成熟,如计算机辅助设计/制造/工艺设计/工程分析(CAD/CAM/CAPP/CAE)和计算机集成制造系统(CIMS)等;有的技术近几年才开始发展运用,如并行工程(CE)、虚拟现实制造(VM)、企业资源计划(ERP)和智能制造(IM)等;还有一些技术是刚提出的研究设想,如网络合作制造(Network Collaborative Manufacturing,

NCM）、生物制造（Biological Manufacturing，BM）、绿色制造（Green Manufacturing，GM）、遥远制造（Remote Manufacturing，RM）、全球制造（Global Manufacturing，GM）和下一代制造系统（Next Generation Manufacturing System，NGMS）等。

1.2.3　先进制造技术的特点

1. 先进性

先进制造技术的核心是优质、高效、低耗、清洁等基础制造技术，它是从传统的制造工艺发展起来的，并与新技术实现了局部或系统集成。其重要特征是实现优质、高效、低耗、清洁、灵活的生产。这意味着先进制造技术强调计算机技术、信息技术和现代系统管理技术在产品设计、制造和生产组织等方面的应用。此外，先进制造技术也必须面临人类在 21 世纪消费观念变革的挑战，满足日益"挑剔"的市场需求，实现灵活生产。

2. 广泛性

先进制造技术相对传统制造技术在应用范围上的一个很大不同点在于，传统制造技术通常只是指各种将原材料变成成品的加工工艺，而先进制造技术虽然仍大量应用于加工和装配过程，但由于其组成中包括了产品技术、生产技术、拆卸技术和再循环技术，因而被综合应用于制造的全过程，覆盖了产品设计、生产准备、加工与装配、销售使用、维修服务甚至回收再生的整个过程。

3. 实用性

先进制造技术最重要的特点在于，它是一项面向工业应用，具有很强实用性的新技术，对制造业、对国民经济的发展起重大作用。先进制造技术的发展往往是针对某一具体的制造业（如汽车制造、电子工业）的需求而发展起来的先进、适用的制造技术，有明确的需求导向的特征；先进制造技术不是以追求技术的高新为目的，而是注重产生最好的实践效果，以提高效益为中心，以提高企业的竞争力和促进国家经济增长和综合实力为目标。

4. 系统性

传统制造技术一般只能驾驭生产过程中的物质流和能量流。随着微电子、信息技术的引入，先进制造技术还能驾驭信息生成、采集、传递、反馈、调整的信息流动过程。因此，先进制造技术是可以驾驭生产过程的物质流、能量流和信息流的系统工程。一种先进的制造模式除了考虑产品的设计、制造全过程外，还需要更好地考虑整个制造组织。

5. 集成性

传统制造技术的学科、专业单一独立，相互间的界限分明；先进制造技术由于专业和学科间的不断渗透、交叉、融合，界线逐渐淡化甚至消失，技术趋于系统化、集成化，已发展成为集机械、电子、信息、材料和管理技术为一体的新型交叉学科。因此可以称其为"制造工程"。

6. 动态性

由于先进制造技术是针对一定的应用目标，不断地吸收各种高新技术，将其渗透到企业生产的所有领域和产品寿命循环的过程，实现优质、高效、低耗、清洁、灵活的生产，因而其内涵不是绝对的和一成不变的。不同的时期，先进制造技术有其自身的特点；不同的国家和地区，先进制造技术有其本身重点发展的目标和内容，通过重点内容的发展以实现这个国家和地区制造技术的跨越式发展。

7. 发展性

先进制造技术特别强调环境保护,既要求制造的产品绿色化,又要求生产过程的清洁化。这就意味着,先进制造技术要求制造及其产品对资源的消耗最少,对环境的污染最小甚至为零,对人体的危害最小甚至为零,报废后便于回收利用,发生事故的可能性为零,所占空间最小等。

1.3 先进制造技术的内涵及分类

1.3.1 先进制造技术的内涵

先进制造技术(AMT)集成了当代先进技术和创新型工业思想的精华,成为反映一个国家制造业水平的显著标志,也逐渐成为一个国家制造业发展的支柱。21 世纪的机械制造业是以信息为主导,采用先进生产模式、先进制造系统、先进制造技术和先进组织管理形式的全新的机械制造业。先进制造技术目前还没有明确统一的定义,但是经过各国长期的技术发展及在制造领域开展的先进技术研究,结合其各种特征内涵,将先进制造技术定义为:先进制造技术是制造业不断吸收信息技术及现代化管理等方面的成果,并将其综合应用于产品设计、制造、检测、管理、销售、使用、服务乃至回收的制造全过程,以实现优质、高效、低耗、清洁、灵活的生产,提高对动态多变的产品市场的适应能力和竞争能力的制造技术的总成。

先进制造技术的核心体现在制造过程的优质、高效、低耗、清洁等更加高效、多功能地满足市场需求,可实现客户化定制,具有敏捷制造的功能,充分提高了制造业的综合经济效益,在激烈的竞争中赢得市场。为此,先进制造技术相比于传统的制造业技术,更加强调制造技术设计的方法、制造技术的可持续发展及制造技术和其他科学技术的高效集成,不断融合技术更新与管理理念的发展,使得制造业技术更加适应全球化、信息化的竞争体制。

1.3.2 先进制造技术的分类

先进制造技术在结构上主要包括:主体技术群、支撑技术群和管理技术群,如图 1-1 所示。主体技术群主要包括产品、工艺设计及快速成型设计、并行设计等设计理念,以及材料生产工艺、加工工艺、装配维修工艺等制造工艺技术。支撑技术群主要包括数据库、通信等设备支撑技术及传感器等控制技术。管理技术主要包括产品品质管理、供应商管理、客户管理等先进的管理理念。其中重要的支撑技术包括计算机技术和信息技术。

根据先进制造技术的结构内容将先进制造技术分类,如图 1-2 所示。

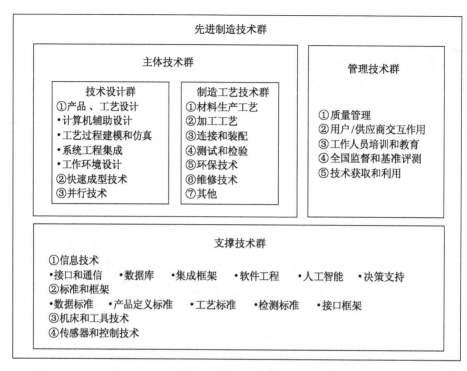

图 1-1　先进制造技术群

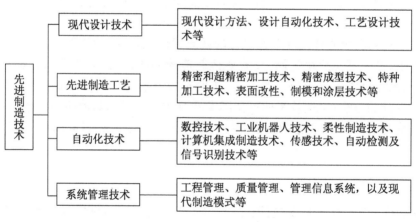

图 1-2　先进制造技术分类

1. 现代设计技术

随着先进制造技术智能化、信息化的发展，数字化制造技术登上历史舞台，现代制造技术方法面临着革新的岔路口，主要包括现代设计方法的更新、设计自动化技术的发展、工业设计技术的研究等。先进的设计技术理念是先进制造技术发展的前提和基础。

2. 先进制造工艺

先进制造工艺的发展是先进制造技术发展的载体，制造自动化单元技术、极限加工技术等产品制造工艺的不断更新，使得先进制造技术更上一层楼。在市场需求的促进下，先进制造技术打破了传统制造技术的局限，逐渐发展了多项领先的高新技术，包括精密和超精密加工技术、精密成型技术、特种加工技术、表面改性、制模和涂层技术等。

3．自动化技术

在人工智能发展的前提下，先进制造技术逐渐摆脱劳动密集型产业的束缚，向技术密集型产业转型。先进的自动化技术显著提高了制造业的效率，并且在加工精度、人力资源解放方面起到了至关重要的作用。经过多年的研究，主要形成了数控技术、工业机器人技术、柔性制造技术、计算机集成制造技术、传感技术、自动检测及信号识别技术等多项技术。

4．系统管理技术

先进的制造技术的发展离不开科学的产业管理体制。随着先进制造技术的发展，系统的管理技术也被推上历史的舞台。系统的管理技术能够有效地促进制造业效率的提高，摆脱臃肿的管理机制，快速有效地对瞬息万变的市场行情做出反应，以及时有效地决定企业的发展方向。先进的管理技术主要包括：工程管理、质量管理、管理信息系统等，以及现代制造模式（如精益生产、CIMS、敏捷制造、智能制造等）、集成化的管理技术、企业组织结构与虚拟公司等生产组织方法。

1.3.3　计算机在先进制造技术中的作用

随着 Internet/Intranet 技术的飞速发展，计算机在先进制造中逐渐起举足轻重的作用。制造业逐渐实现了通过网络环境对制造资源快速分配及利用，开发出信息集成度更加高的产品设计技术，并通过虚拟网络技术实现制造业的快速动态重组，实现异地并行的功能，更加快捷便利地对市场行情变化做出响应。

计算机的发展促进了 CAD/CAPP/CAM 等先进技术的研究。充分利用 CAD/CAM 软件，使传统的产品设计实现了从二维向三维的转变，保证了数据源的唯一性，改进了传统的设计制造模式，使产品设计思想能够更好地表达，摆脱了传统复杂产品设计图纸表达不清晰的缺陷。CAPP 技术的发展，使原本单一的工艺技术得到长足的发展，通过计算机软件系统建立工艺模型，更好地完成产品的工艺规划与设计。在产品加工制造方面，计算机技术的发展使得加工刀轨、后处理程序等实现了可视化，从而完成了产品制造的手工—半自动—全自动升级，提高了产品加工制造精度，缩短了加工周期，显著提高了制造业的竞争力。结合 CAD/CAPP/CAM 技术与计算机数控技术、激光技术等，开发出了诸如快速成型技术等新型制造技术，此类技术已经广泛应用于航空、医疗、汽车、通讯、电子、军事装备等众多领域。

计算机领域的发展，也大大促进了制造业的信息集成传递效率。信息集成技术将多个分散的、异构的、领域相关的制造数据源集成在一起，为用户提供一个统一的访问界面，支持用户在全局模式上对集成的多个数据源进行全局查询。信息集成技术为全局应用和用户提供了统一、透明地访问一组已存在的自治、分布和异构数据源的方法，集成的数据源包括各类 DBMS、设计信息、加工信息、装配信息、产品属性信息等，使得产品制造信息更加准确地传递并反馈，提高产品制造的技术水平和产品质量。

计算机技术的引进也充分发展了企业 PDM 技术，使得企业的制造资源、人力资源、物料资源分配及工时安排等更加科学合理；充分发挥了企业的能动性，避免了事倍功半现象的发生；提高了企业制造环节的会签审批效率，完成各方面信息的统一管理；促进了更加科学的管理机制，营造了良好的制造业文化氛围；使技术中心和车间之间的衔接更加合理，填补了企业管理之间的技术缺口，产品的工艺设计、作业计划、生产调度、制造过程、库存管理、成本核算、订单采购等生产经营活动在实际投入之前就在计算机上进行模拟计算，通过虚拟技术预见可能发生的问题和后果；使生产全过程更加可视化，从而促进企业更有效、更经济地灵活生产。

综上所述，计算机的应用在先进制造技术中起着不可替代的作用。随着物联网时代的到来，制造业更加全球化、信息化的发展，计算机技术的运用会越显得至关重要。

1.3.4 产品生命周期

产品全生命周期是指一个产品从构思到生产、使用，再到报废、再生的全过程。它又被称为产品自然生命周期，通常简称为产品生命周期。根据产品可持续发展的理念，产品生命周期可以分为 6 个阶段：产品计划、产品设计、产品制造、产品销售、产品使用和产品报废（包括处理及再制造）。产品生命周期是以物质的循环特征来划分产品生命周期的阶段，是一种以人类生存环境为首要驱动力的理念。

产品生命周期的概念最早出现在经济管理领域，是由 Dean 和 Levirt 提出的，提出的目的是研究产品的市场战略。20 世纪 80 年代，并行工程的提出首次将产品生命周期的概念从经济管理领域扩展到了工程领域，将产品生命周期的范围从市场阶段扩展到了研制阶段，真正提出了覆盖产品需求分析、概念设计、详细设计、制造、销售、售后服务、产品报废回收全过程的产品生命周期的概念。

20 世纪 80 年代后，随着自动化、信息、计算机和网络技术的广泛应用，企业制造能力和水平飞速地发展，企业在追求产量的同时，也越来越重视新产品开发的上市时间（T）、质量（Q）、成本（C）、服务（S）、产品创新（K）和环境（E）等指标。企业迫切需要将信息技术、现代管理技术和制造技术相结合，并应用于企业产品生命周期的各个阶段，对产品生命周期信息、过程和资源进行管理，实现物流、信息流、价值流的集成和优化运行，以提高企业的市场应变能力和竞争能力。产品生命周期管理（Product Lifecycle Management，PLM）正是基于企业的这种需求而产生并发展起来的。

在 PLM 出现初期，它是作为一个术语用来描述创建、管理和使用产品生命周期相关信息和智力资本的一套业务方法。随着企业信息化进程、先进信息和管理技术的迅猛发展，PLM 的定义、内涵也在不断地演化和成熟。企业根据不同的需求，对 PLM 的认知差异也较大。目前，国际制造业管理组织根据不同行业的特点、需求给出了不同的解释。AMR Research 公司认为：PLM 代表产品生命周期管理，是一组用于工程、采购、市场、制造、研发和新产品拓展，并建立相应的实施应用软件系统的总称。UGS 公司认为：PLM 是一个集成的、信息驱动的方法，涵盖了从设计、制造、配置、维护、服务到最终处理的产品生命周期的所有方面；PLM 系统软件存取、更新、处理局部和分布环境中产生的产品信息；PLM 不仅是一个工程、制造或者服务领域的创新项目，而且是涵盖产品整个生命周期的方法，是管理产品生命周期所有业务系统的集成。IBM 公司认为：PLM 是一种商业哲理，产品数据应该可以被管理、销售、市场、维护、装配、购买等不同领域的人员共同使用；PLM 是工作流和相关支撑软件的集合，允许对产品生命周期进行管理，包括协调产品的计划、制造和发布过程。

虽然这些不同企业的侧重点各有不同，但是综合各机构对产品生命周期管理的认知可得 PLM 是一种现代制造理念，实施 PLM 的目的是通过信息、计算机和管理等技术来实现产品生命周期过程中的产品设计、制造、管理和服务的协同，需要综合人、生产过程、制造技术三个要素，缺一不可。产品全生命周期管理核心功能结构如图 1-3 所示。

图1-3　产品全生命周期管理核心功能结构

1.4　先进制造技术的发展趋势

1. 传统制造的进一步先进化

随着时代的进步,各种制造业产品设计理念、加工技术得到长足的发展,传统制造由于先进的制造设备的引进,逐渐实现产品生命周期各个环节的智能化、生产设备的智能化,以及实现人与制造系统的融合及人在其中智能的充分发挥。现代机械制造业的发展,让人们摆脱了繁重的体力劳动,而计算机技术的发展,让人们进一步从烦琐的计算、分析等脑力劳动中解放出来,有了更多的精力从事高层次的创造性劳动。因此,传统制造业具有了更加柔性化和自动化的水平,制造生产系统具有更完善的判断与适应能力。

传统制造的进一步升级从企业层面来看,是指产业内的企业能够通过合理的资源配置,培养和提高自身的技术能力,进而获得更多的利润和创造更高的附加值的过程。目前,众多企业通过实施竞争战略,提升技术能力与管理水平,提高生产效率并降低成本,促进新产品的开发和新市场的开拓等,形成企业自身的核心竞争力,最终使企业获得高附加值,提高了传统制造业的先进化水平。另外,从制造业企业内部看,行业之间生产效率的不同,会引导要素由低生产率行业向高生产率行业流动,从而优化行业之间的要素配置,提高整体要素分配的水平;随着制造业整体要素水平的提高和优化配置,制造业内部将实现由劳动密集型向资本密集型和技术密集型的转变,提高制造业的科技含量,使制造业由低附加值、低加工度、低集成性、低技术化向高附加值、高加工度、高集约化和高技术化演变。

近年来,制造型企业通过技术持续进步构建竞争优势的过程,使传统的制造技术得到飞速的发展,在市场中树立了优势。持续的技术创新使企业能够通过掌握先进技术带来的垄断利润,促使企业制造技术的发展。传统制造技术的创新,引入新的产品、新的工艺、新的材料,提高了产业的生产效率,降低了生产成本,推动了原有产业实现流程、产品等方面的升级,推动了制造业内部产业逐步由低技术水平向高技术水平转变,最终实现传统制造业的高技术化,促进传统制造业先进化的升级。

2. 先进制造技术向极致化方向发展

随着产品精度、质量等要求不断提高,先进制造技术极致化发展逐渐被提及。"极端"或

"极致"在此表示产品无论在设计、加工、装配环节都需要严苛要求。产品本身不但要"精"，而且要"极"：在几何形体上，极大、极小、极厚、极薄、极平、极柔、极圆等；在物理性能上，极高硬度、极高塑性、极大弹性、极大脆性、极强磁性、极强辐射性、极强腐蚀性等；有时还得在极端条件下进行制造。

在一些高精尖制造领域中，分子存储器、原子存储器、芯片加工设备、分子组件装配等技术不断发展。在军工企业中，精确制导技术、精确打击技术、微型光学设备等微型惯性平台也在不断地发展。日益复杂的国际形势，也促生了众多微型飞机、微型卫星、纳米技术的发展。纳米技术包括纳米级的材料、设计、制造、测量和控制技术。纳米技术涉及机械、电子、材料、物理、化学、生物、医学等多个领域。纳米技术和纳米制造技术是 21 世纪的重要前沿领域，它将使人们在生产方式和生活方式上有更大的改观。与此同时，微电子技术也向极致化飞速发展，微电子器件制造技术、微机电系统制造技术及微光电子器件制造技术合称为"三微"制造技术。我国已经开展了微型直升机、力平衡加速度传感器、力平衡真空传感器、分裂漏极磁场传感器、集成压力传感器、微型泵、微喷嘴、微流量计、微电泳芯片、微马达、带有振动片的压力传感器、微谐振器和微陀螺等多项微机械器件的研究工作。先进制造技术的极致化发展，使得制造业的市场前景更广。

3. 制造系统向集成化方向发展

为了适应制造业全球化的市场需求，集成化的发展逐渐成为先进制造系统的一个显著特征。制造业企业逐渐完成了企业内部的信息集成和功能集成，并向实现整个产品全生命周期的过程集成过渡。集成化发展包含以下几个方面：

① 信息集成。通过网络和数据库资源，实现企业自动化设备及系统的信息集成，打通各信息孤岛之间的阻碍，实现制造业系统中的数据共享。

② 功能集成。在企业生产过程中，实现企业生产要素（包括操作员工、生产技术、管理组织等）的集成，在优化企业运营模式的基础上实现企业生产经营管理等各方面功能的集成。

③ 过程集成。通过企业扁平化组织的发展，实现产品开发过程的并行化和多功能化，实现企业产品开发和企业运营的集成。通过企业运营过程的重组与优化，使企业更加具有市场竞争力。

④ 企业间动态集成。在全球化市场多变的时代，市场机遇稍纵即逝，为了高速、优质、低成本地完成产品的开发设计与制造，需要通过敏捷化企业组织形式，利用全球计算机网络信息基础，实现跨地区甚至跨国企业动态联盟。统筹运用所能取得的一切知识、技术和资源，提高企业响应市场的能力。

随着时代的发展，未来的制造系统将会具有更高的集成度，而且这种集成是"多集成"模式，即不仅包括信息、技术的集成，而且包括管理、人员和环境的集成。以前，在制造系统中，往往只强调信息和技术的集成，这是不够的。因为系统中不可能没有人，系统运行的效果及企业经营思想、运行机制、管理模式都与人息息相关，因此在技术上集成的同时，还应强调管理与人的集成。只有将人、信息、技术、管理、环境等真正集成起来，融合成一个统一的整体，才能最大限度地发挥制造系统的综合能力。

4. 科学、技术与管理交叉化、综合化发展

随着我国成功加入 WTO，先进制造技术开始发展成为多学科交叉融合一体化的新一代制造科学，这为机械制造企业创造了一个快速发展的机遇，也带来了严峻的挑战。如何进一

步保持和发展制造业的比较优势,大力提升制造业的总体质量水平,是我国制造业所面临的重要课题。

先进制造技术是具有很强实用性的新技术。它涉及多方面的科学理论,包括 CAD 技术、先进测量技术、先进制造管理技术、新产品开发技术、先进制造技术经济学等。先进制造技术是复杂的系统,内部有人、技术、管理、资金、工具、物料、信息等多个要素,各要素起的作用不同,需要协同工作。先进制造技术的先进性与各要素息息相关,任何一个要素产生的瓶颈均可导致整个系统性能下降。因此,只有注重科学、技术与管理的交叉化、综合化,才能让制造业得到更好的发展。

1.5 先进制造技术背景下的实践

1.5.1 先进制造技术背景下的实践教学

先进制造技术是一门综合性、动态性的科学,这给教学工作带来了挑战,尤其是在实践教学方面。目前,对先进制造技术进行理论教学的教材很多,但是实践方面的教材较为少见。本书就是在这样的背景下诞生的。

先进制造技术的划分方式很多,涉及的具体技术广泛,难以用统一的标准进行实践教学。本书的编写主要依据以下原则。

1. 体现先进制造技术的基础理论原则

先进制造技术以若干具有共性的理论和方法为理论基础,这些理论和方法本身的发展水平直接决定了制造技术的先进程度,并为先进制造技术的持续发展提供科学和技术上的支持。先进制造技术理论基础涵盖多学科、多方面:

① 先进制造技术在传统制造技术基础上,越来越多地综合利用计算机技术、控制技术、传感技术,以及光、机、电等方面技术的新成果,以系统论、信息论和控制论为核心的系统科学及管理科学、人文科学等的思想和方法不断地融入制造过程的各个环节,以各种人工智能手段为基础的计算智能在制造领域中获得广泛应用,形成智能制造,制造科学从理论上确定制造系统的基本内涵和外延,研究的内容涉及制造哲理、制造策略、制造系统的体系结构、各种基础性的理论和方法等多个方面。

② 理论计算几何作为独立的研究领域,初期解决的问题包括最小生成树问题和线性规划等理论问题,近年来着重研究点、线和超平面等几何实体在系统中的几何算法的实现。在计算机辅助设计与制造中,存在着大量的几何算法设计和分析问题,尤其是几何计算和几何推理问题。几何推理涉及先进制造技术中多个领域的几何表示与推理方法,它在制造领域有广阔的应用背景,如自适应夹具设计、物体操作描述和机器人运动规划等。在装配设计中,几何推理不仅是评价可装配性的有力手段,而且可用来对装配算法复杂性进行分析,得到最优装配顺序,达到降低装配成本及生产成本的目的。随着先进制造技术的发展,计算几何还有待在制造应用中进一步完善和发展,形成严密的理论体系。

③ 在现代制造中,信息已成为主宰制造产业的决定性因素,而且还是最活跃的因素,与制造活动有关的信息包括产品信息和制造信息。提高制造系统的信息处理能力已成为现代制造科学发展的重点,研究制造经验、技能和知识的信息化,特别是研究经验、技能和知识的

获取、传递、标示、变换和保真的方法，是非常必要的。

④ 人工智能最初表现为计算机的符号推理，专家系统就是符号推理的代表，它的出现使人工智能从对人类思维的一般规律研究转化为对知识的研究，包括知识的表示、知识的获取和基于知识的推理等，进而形成知识工程。典型的计算机人工智能有人工神经网络、模糊逻辑控制、遗传算法、蚁群算法和模拟退火算法等。

在设计教材时，需要考虑实践教材理论与实践并重的特点，既介绍基础理论，便于组织教学，又要在内容组织上注重动手能力的提升。

2. 从设计到制造这一传统的机械行业流程原则

传统的机械行业流程遵循正向的设计、制造。其中，设计包括概要设计、结构设计、工艺设计等，制造包括加工过程、装配过程和车间管理等。联系设计和制造的纽带是计算机辅助工艺设计。传统的机械设计制造及自动化专业开设课程按照从设计到制造的过程进行，在组织教学时总体上也是按照这一传统的机械行业习惯开展，考虑学生的学习习惯和教师的教学习惯，本实践教材也按照这一传统的机械行业流程展开：先介绍数字化设计中的计算机辅助设计、计算机辅助工程等偏向设计的内容，再介绍数字化制造中的计算机辅助制造、计算机辅助装配、数字化工厂等偏向制造的内容，再从特种加工工艺入手，介绍近年来涌现出的各类特种加工方法和其他先进制造技术的内容。

3. 适合教学开展的原则

由于先进制造技术的特点，其新型技术较多，使用的设备和器材各式各样，实践需要的准备条件各种各样。鉴于教学单位组织完备各类设施不易实现，故本教材在组织上从适合教学开展的角度着手。如在数字化设计中，传统上先进制造技术中的先进设计技术的绿色设计、面向 X 的设计、价值工程、模块化设计和动态设计等内容，不便于开设独立的实践教学内容，偏重于理论基础介绍，未在本教材中设置独立的实践环节。先进制造工艺技术中的精密加工技术、微制造技术和高速加工技术等，受限于实验设备的成本和稀缺，也未在本教材中设置独立的实践环节。先进制造模式中的精益生产、敏捷制造、智能制造等内容限于实践手段，也未在本教材中独立安排。

4. 紧跟最新的先进制造技术原则

为了体现先进制造技术的先进性，本教材在具体的章节安排时，遵循紧跟最新的先进制造技术原则，设置了产品数据管理环节、计算机辅助装配环节、逆向设计环节等。这些环节一般分散在独立的专业书籍之中，在一般的先进制造技术理论教材中，虽然也有提及，但无法组织实际的实验，无法使学生得到感官认识。本教材选用了最新的典型软件作为实践教学环节，紧抓最新的先进制造技术。

5. 统筹兼顾各方面条件和教学习惯的原则

在以上原则的基础上，统筹兼顾各方面的条件和教学习惯，将数字化始终贯穿于教材。使用数字化设计、数字化制造这一主线，在先进制造工艺技术中重点介绍特种加工，其内容也以数字化方式介绍为主；在测量内容的组织上也以数字化测量方法为重点。各教学单位可以按照自身课程设置的环节进行选用。

1.5.2 本教材的组织

本教材主要包括数字化设计、数字化制造、特种加工技术和测量检测技术几个方面。偏重设计、校核、优化和加工的教学,重点介绍数字化设计中的设计建模、工程优化及数字化制造中的数控加工和数字化测量,可以作为一整套的教学实践内容。偏重逆向设计制造的教学,重点介绍数字化设计中的设计建模、逆向设计和特种加工中的真空注型、快速成型。偏重制造方向的教学,重点介绍数字化制造中的计算机辅助加工、计算机辅助装配和数控加工及特种加工技术中的激光加工、电火花加工等。偏重工厂工程管理的教学,重点介绍数字化设计中的概述和计算机辅助设计、产品数据管理和数字化制造中的数字化装配等内容。读者可根据实际需要,灵活组织教学内容。

◎ 思考与练习 ◎

1. 简述先进制造技术的基本概念。

2. 简述先进制造技术的产生背景。

3. 先进制造技术的内涵与体系结构有何特点?

4. 简述先进制造技术的发展趋势。

5. 国内学者总结先进制造技术,概括其有"十化"与"十二字"。请查阅相关资料,分析这些精炼的总结,谈谈感想。

6. 阐述我国先进制造技术的发展战略及对中国制造 2025 的看法。

第2章　数字化设计技术概论

2.1　数字化设计技术定义及发展趋势

2.1.1　数字化设计技术内涵

数字化设计与制造主要包括用于企业生产制造的计算机辅助设计(CAD)、制造(CAM)、工艺设计(CAPP)、工程分析(CAE)、产品数据管理(PDM)等内容。数字化设计就是通过数字化的手段来改造传统的产品设计方法,旨在建立一套基于计算机技术和网络信息技术,支持产品开发与生产全过程的设计方法。数字化设计的内涵是支持企业的产品开发全过程,支持企业的产品创新设计,支持产品相关数据管理,支持企业产品开发流程的控制和优化等,归纳起来就是产品建模是基础,优化设计是主体,数控技术是工具,数据管理是核心。

2.1.2　数字化设计技术相关基础理论

1. 数字化设计中的制造科学基础

随着制造水平的发展和提高,制造已由经验、技艺、技术发展为科学,并由此奠定了制造工程发展的理论基础。制造科学已经初步成为一门新型工程科学,并正在不断发展、完善。

当前,在传统制造技艺的基础上,越来越多的技术新成果如控制技术、计算机技术、传感技术及光、电、机等方面的技术被利用在先进制造技术上,促进制造技术的发展紧跟科技的发展节奏,不断焕发新的活力,在此基础上,新的制造手段和加工方式不断涌现。以系统论、信息论和方法论为核心的系统科学及管理科学、人文科学等的思想和方法融入制造过程的各环节,使生产者对制造生产过程中的物质流、能量流和信息流有了更为完整和全面的认识,树立了不再是传统的由物质和能量借助信息力量,而是由信息借助于物质和能量的力量生产的信息制造观;以各种人工智能手段为基础的计算智能在制造领域中得到广泛应用,正在形成智能制造,促进了由劳动密集型制造技术向信息密集型制造技术及知识密集型制造技术的转变。

随着时代的进步,先进制造技术对数学、物理、化学、材料科学、系统科学、计算机科学和技术等诸多理工学科及人文管理学科的基本理论和最新成果愈加依赖,这些科学改变着制造业的面貌,而制造业的发展又为这些科学提供新的工具,促进这些科学的进一步发展,两者相辅相成。

制造系统通过计算机技术、信息技术、控制与自动化技术、系统管理技术的集成向智能化过渡,逐步实现自适应性和自组织性。计算机科学和电子科学的发展已渗入并融合到现代制造系统中,现代科学理论的系统论、信息论、控制论、智能理论与控制技术有机地融为一体,新的制造科学体系在多学科的交叉融合下形成。

制造科学从理论上确定制造系统的基本内涵和外延,研究的内容涉及制造哲理、制造策略、制造系统的体系结构、各种基础性的理论和方法等多个方面。在发达的工业国家,制造科学已经被列为与信息科学、材料科学、生物科学同等位置的四大支柱科学之一。

2. 数字化设计中的计算几何基础

20 世纪 70 年代,理论计算几何作为独立的研究领域发展起来,初期解决的问题包括旅行商问题、最小生成树问题及线性规划等,近年来着重于处理点、线和超平面等几何实体在系统中的几何算法的实现问题。

计算机辅助设计与制造(CAD/CAM)、反求工程、测量、机器人路径规划、零件的寻位(如 Localization)及三维现实空间(3-Real Space)中运用了大量的计算机几何知识,尤其是几何表示、几何计算和几何推理问题。同时,制造过程中物理和力学现象的几何化研究也形成了制造科学中几何计算和几何推理等多方面的研究课题。当前的研究也越来越表明,制造领域中的几何表示和推理有许多内在联系和共同点,有集成化和相互渗透的明显倾向,形成了制造领域计算机几何和几何推理的研究方向,以解决这些领域中与智能化有关的空间推理和计算机表示的理论等问题。

几何推理(Geometric Reasoning)也称作空间推理,是涉及先进制造技术中多个领域问题求解的几何表示与推理方法。几何推理源自于古代几何学的公理体系,其发展又与近代人工智能有关。自动几何推理的产生既是工程实际的需要,也是计算机广泛应用的结果。一方面,软件工程的成熟,保证了自动几何推理实现的可能性;另一方面,几何理论和有关的近代数学为几何推理提供了坚实的理论基础。为适应各种任务的需要,几何推理不仅具有在较高层次上定义几何信息和推理几何对象特性的能力,还具有将几何对象从一种表示转化成另一种表示的能力。

几何推理的理论和方法在制造领域有广阔的应用背景,如自适应夹具设计,物体操作(夹持、抓取和装配等)描述和机器人多指抓取规划、约束运动规划等。在面向装配的设计(DFA)中,为了得到最优的装配顺序,几何推理不仅是评价可装配性的有力手段,而且可用来对装配算法复杂性进行分析,达到降低装配成本及生产成本的目的。下一代基于特征功能的 CAD 系统将采用装配模型统一概念设计和详细设计,既能支持产品结构的功能描述,又能支持精确表示的造型设计,其概念设计将具有极强的智能分析和几何推理能力,是一个选择、综合和优化的设计过程。

计算几何具有坚实严密的理论基础,与代数几何、组合几何、凸分析、优化和计算方法等科学技术有关,与计算机科学和技术有紧密的联系。算法分析、数据结构、复杂性分析等都是计算几何实现的基础。计算几何已成为解决制造领域各种问题的有力工具。计算几何的理论框架包括几何模型、计算机表示和空间推理的理论和方法,随着 CAD/CAE/CAPP/CAM 及制造的模式和管理技术的不断发展,计算几何还有待在制造应用中进一步完善和发展,形成更完备严密的理论体系,更好地促进制造业各领域的自动化和智能化。

3. 数字化设计中的信息基础

信息作为物质的一种属性，是对物质有序度的一种映射。随着科技的发展，信息基础逐渐成为先进制造技术中主宰制造产业的决定性因素，并且逐渐成为最活跃的驱动性因素。信息是物化产品的价值体现。信息集成的水平直接影响产品的增值空间。先进制造技术逐渐发展成为信息驱动的数字化设计系统。

数字化设计技术，主要运用产品信息、加工信息及装配信息。产品信息主要包括产品的几何形状、尺寸、加工精度、材质、信息定义规范、定义流程等各种技术要求。产品信息反映了产品本身的属性。加工信息则是指为了实现某一加工过程或者加工工艺而需要的信息，包括加工工艺信息、设备选型信息、产品过程控制信息等。加工信息的有效利用与集成将大大提高产品生产的精度与质量。装配信息是指产品加工完成后，产品内部零件需要组装成为产品整体的过程信息。装配信息包括零部件装配基准信息、精度、装配关系、装配要求、工装资源、消耗件辅料等信息。信息构成如图2-1所示。

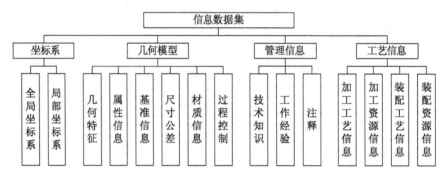

图2-1 数字化设计信息构成

在实际产品加工生产中，需要将产品信息、加工信息、装配信息统一集成，建立顺通的信息流路线，方便整体制造系统的信息组织及结构层次的获取，呈现出一个立体、多维的科学化信息管理体制。在管理信息中，各类操作人员、技术人员、管理人员的专业知识信息也显得格外的关键。这些信息在数字化设计制造中也起到了十分重要的作用。在数字化设计制造过程中，工艺人员的经验、技能、诀窍、知识的统筹运用，以及管理信息的获取、处理、表达、存储、传递及应用逐渐成为数字化设计信息基础的关键组成部分。

在信息化、集成化十分广泛的今天，数字化设计越来越注重制造经验、设计技能和相关知识信息的集成。一些工作经验极为丰富的骨干技术工艺人员拥有十分丰富的实际加工设计经验、技能、诀窍等，这些信息通常表现为他们本身无序的行为，难以合理、科学地表述出来，所以有效合理地从这些经验信息中提取有序的映射信息并储存管理，将会成为数字化设计制造的一笔伟大的财富。

4. 数字化设计中的智能计算基础

自20世纪50年代以来，人工智能技术得到长足的发展，并且成功地应用于数字化设计制造领域。智能计算的初步表现形式是计算机符号推理技术的发展。专家系统作为符号推理技术的代表，推动了人工智能计算技术从对人类的一般思维规律转向了对专家知识的研究。通过知识表示、获取、推理及计算技术的发展，形成了知识工程。但是由于知识获取渠道较难，很多知识难以数字化表达，灵活性较低，所以专家知识系统的发展也受到了一定的限制。

近年来,智能计算逐渐从专家知识系统向计算智能技术发展。计算智能充分利用了计算机的处理技术,基于数值计算方法,在通用性、灵活性、信息传递性上有了新的突破。根据算法的发展,逐渐形成了优势明显的人工智能技术,在数字化制造发展史上,起到了极大的推动作用。在解决典型的非确定性多项式(Non-deterministic Polynomial,NP)优化问题方面,智能算法在调度问题等组合优化功能上有着独特的优势。目前较为成熟的计算智能算法包括蚁群算法、遗传算法、人工神经网络算法、模拟退火算法等。

（1）蚁群算法

蚁群算法(Ant Clony Optimization,ACO)是一种群智能算法,它由一群无智能或有轻微智能的个体(Agent)通过相互协作而表现出智能行为,为求解复杂问题提供新的可能性。作为一种仿生学算法,蚁群算法是受自然界中蚂蚁觅食的行为启发而来。自然界的蚂蚁在觅食的过程中,蚁群总能寻找到一条从蚁巢到食物源的最优路径。蚁群算法最早由意大利学者Colorni A.,Dorigo M.等于 1991 年提出。虽然蚁群算法的研究时间不长,但初步研究已显示它在求解复杂优化问题方面具有很大优势,1998 年在比利时布鲁塞尔专门召开了第一届蚂蚁优化国际研讨会,现在每两年召开一次这样的蚂蚁优化国际研讨会。这标志着蚁群算法的研究已经得到国际上的广泛支持,这种新兴的智能进化仿生算法展现出了勃勃生机。

蚁群算法最早用来求解 TSP 问题,并且表现出了很大的优越性,因为它具有分布式特性,鲁棒性强并且容易与其他算法结合,在求解复杂优化问题方面具有很大的优越性和广阔的前景,但是同时也存在收敛速度慢,容易陷入局部最优(local optimal)等缺点,当扩散范围较大时,较短时间内很难找出一条较好的路径,在算法实现的过程中容易出现停滞和收敛速度慢等现象。在这种情况下,学者们提出一种自适应蚁群算法,通过自适应地调整运行过程中的挥发因子来改变路径中的信息素浓度,从而有效地解决传统蚁群算法中容易陷入局部最优解和收敛速度慢的问题。多年来,世界各地研究工作者对蚁群算法进行了精心研究和应用开发,该算法现已被大量应用于数据分析、机器人协作问题求解、电力、通信、水利、采矿、化工、建筑、交通等领域。

（2）遗传算法

遗传算法(Genetic Algorithm,GA)起源于对生物系统的计算机模拟研究,是一种借鉴生物界自然选择(Natural Selection)和自然遗传机制的随机搜索算法(Random Searching Algorithms)。1967 年,美国 Holland 教授和他的学生 Bagley 受到生物模拟技术的启发,首创了遗传算法,他们发展了复制、交叉、变异、显性、倒位等遗传算子,通过给每个染色体种群分配适应度值的方式,优选保留符合条件的种群,通过一代代的遗传进化,剔除适应度较差的种群,这样经过多次的遗传迭代,使得符合工程要求的种群数量越来越多,进而得到合乎环境要求的可行解。

遗传算法程序主要内容包括：① 基于控制参数的目标函数的制定；② 编码种群的生成；③ 以选择、交叉、变异为主体方式的种群进化；④ 相关算子及停止规则的设立。

遗传算法的优点包括：对可行解表示的广泛性、群体搜索性、内在启发式随机搜索性、不易陷入局部最优解、具有并行计算能力与可扩展性等,适合运用于约束条件繁多、情况复杂的工程问题,已被广泛应用于各个领域。

（3）人工神经网络算法

人工神经网络算法（Artificial Neural Network，ANN）是一种根据逻辑规则进行推理的算法，它先将信息化成概念，并用符号表示，然后根据符号运算按串行模式进行逻辑推理。这一过程可以写成串行的指令，让计算机执行。ANN 的根本在于以下两点：① 信息是通过神经元上的兴奋模式分布存储在网络上的；② 信息处理是通过神经元之间相互作用的动态过程来完成的。

神经网络算法的主要优点包括：具有并行、高速的处理能力；拥有高效的知识获取及嵌套的适应能力；拥有对组织缺陷和各种故障的鲁棒性；拥有对空间和能量约束的处理能力。ANN 被广泛应用于模式识别、信号处理、知识工程、专家系统、优化组合、机器人控制等方面。

（4）模拟退火算法

模拟退火算法（Simulated Annealing Algorithm，SAA）是一种基于概率的算法，来源于固体退火原理，给固体加温时，其内部粒子随温升变为无序状，内能增大，而徐徐冷却时粒子渐趋有序，在每个温度都达到平衡态，最后在常温时达到基态，内能减为最小。根据 Metropolis 准则，粒子在温度 T 时趋于平衡的概率为 $e^{-\Delta E/(kT)}$，其中 E 为温度 T 时的内能，ΔE 为其改变量，k 为 Boltzmann 常数。用固体退火模拟组合优化问题，将内能 E 模拟为目标函数值 f，温度 T 演化成控制参数 t，即得到解组合优化问题的模拟退火算法：由初始解 i 和控制参数初值 t 开始，对当前解重复"产生新解→计算目标函数差→接受或舍弃"的迭代，并逐步衰减 t 值，算法终止时的当前解即为所得近似最优解，这是基于蒙特卡罗迭代求解法的一种启发式随机搜索过程。退火过程由冷却进度表（Cooling Schedule）控制，包括控制参数的初值 t 及其衰减因子 Δt、每个 t 值时的迭代次数 L 和停止条件 S。

2.1.3 数字化设计技术发展趋势

1. 三维化发展趋势

长期以来国内外的研究机构都在探索一种自然、便于理解、准确高效的产品设计和制造等信息的表达方法，以支持产品设计、工艺设计、加工装配和维修等产品全生命周期各个阶段的数据定义和传递。基于模型的定义（Model Based Definition，MBD）技术的出现为解决这一难题提供了一种有效的途径。MBD 技术将产品的所有相关设计定义、工艺描述属性和管理等信息，都附着在产品的三维模型中。近 10 余年以波音空客为代表的飞机制造企业，在基于 MBD 的三维数字化设计制造技术的应用方面，取得了巨大的成功。在开发 787 客机的过程中，波音公司摒弃二维工程图，建立了三维数字化设计制造一体化集成应用体系，全面采用 MBD 技术并直接以三维模型为制造依据，实现了产品设计、工艺设计、工装设计、零件加工装配与检测的高度信息集成及并行协同和融合，开创了飞机三维数字化设计制造的崭新模式，从而大幅提高了产品研制能力。

随着基于 MBD 的数字化设计与制造技术的发展及其在国内外军工行业的应用，产品设计与制造流程发生了重大变革。传统的以数字量为主、以模拟量为辅的协调工作方法，开始被全数字量传递的协调工作法代替。三维数模已经取代二维工程图纸成为产品研制的唯一制造依据，消除了产品研制中模拟量传递所带来的形状和尺寸的传递误差，也避免了传统的三维设计模型→二维纸质图纸→三维工艺模型研制过程中信息传递链的断裂。这样既提高了研制效率，又保证了研制质量。

国外先进制造企业基于三维数字化设计制造实现了研制模式的变革,国内也在积极探索三维数字化设计制造技术的应用。尤其是近几年国内航空企业在新型飞机研制过程中大量采用三维数字化设计制造技术,取得了令人瞩目的成绩。如果将三维工艺仿真片面理解为三维工艺,那么对三维数字化设计制造技术内涵的把握就不准确。我们需要更加清晰地认识到,三维数字化设计制造技术带来的研制模式和研制流程的变革,以及三维数字化设计制造技术带来的从传统的以经验为主的设计模式向基于建模和仿真的科学设计模式的转变。

2. 集成设计制造趋势

现代数字化设计技术中,单一的系统研究已经逐渐被淘汰,产品全生命周期中信息集成化日益成为数字化设计的发展趋势。集成化不仅仅局限于计算机运用技术的集成,更强调多种技术、资源管理、工艺信息的集成。在 CAD/CAM 应用过程中,利用产品数据管理(PDM)技术实现并行工程,可以极大地提高产品开发的效率和质量。企业通过 PDM 可以进行产品功能配置,利用系列件、标准件、借用件、外购件以减少重复设计,在 PDM 环境下进行产品设计和制造,通过 CAD/CAE/CAPP/CAM 等模块的集成,实现产品无图纸设计和全数字化制造。网络化制造是数字化制造信息集成发展的一个鲜明的示例,通过物联网技术,可实现整个企业产品全生命周期数据的集成;通过管理模式的改革,可建立管理信息企业动态联盟,实现优势互补、资源信息集成共享。

3. 企业信息化趋势

CAD/CAE/CAPP/CAM/PDM 技术主要用于实现产品的设计、工艺和制造过程及其管理的数字化;企业资源计划(ERP)以实现企业产、供、销、人、财、物的管理为目标;供应链管理(SCM)用于实现企业内部与上游企业之间的物流管理;客户关系管理(CRM)可以帮助企业建立、挖掘和改善与客户之间的关系。上述技术的集成,可以整合企业的管理,建立从企业的供应决策到企业内部技术、工艺、制造和管理部门,再到用户之间的信息集成,实现企业与外界的信息流、物质流和资金流的顺畅传递,从而有效地提高企业的市场反应速度和产品开发速度,确保企业在竞争中取得优势。

4. 虚拟化趋势

虚拟设计、虚拟制造技术以计算机支持的仿真技术为前提,形成虚拟的环境、虚拟的设计与制造过程、虚拟的产品、虚拟的企业,从而大大缩短产品开发周期,提高产品设计开发的一次成功率。在网络技术高速发展的背景下,企业可通过国际互联网、局域网和内部网,组建动态联盟企业,进行异地设计、异地制造,然后在最接近用户的生产基地制造成产品;以提高对市场快速反应的能力为目标的制造技术将得到超速发展和应用。瞬息万变的市场促使交货期成为诸多竞争力因素中的首要因素。为此,许多与此有关的新观念、新技术在 21 世纪得到迅速的发展和应用。其中有代表性的是并行工程技术、模块化设计技术、快速原型成形技术、快速资源重组技术、大规模远程定制技术、客户化生产方式等。

先进的制造工艺、智能化软件和柔性的自动化设备、柔性的发展战略构成未来企业竞争的软、硬件资源;个性化需求和不确定的市场环境,要求规避设备资源沉淀造成的成本升高风险。制造资源的柔性和可重构性将成为 21 世纪企业装备的显著特点。将数字化技术用于制造过程,可大大提高制造过程的柔性和加工过程的集成性,从而提高产品生产过程的质量和效率,增强工业产品的市场竞争力。

2.2　CAD 建模技术

传统的产品设计方法是设计人员在图纸上利用三视图来表达三维产品的设计模型,工艺人员和车间操作人员则通过不同的视图描述,综合判断并在脑海里还原出三维模型的各个设计细节。随着计算机技术的发展,人们把对三维几何实体的认识描述输入计算机系统中,让计算机系统读取并显示,这个过程也称为建模。因此几何造型就是设法以计算机能够理解的方式,对三维实体进行确切的定义,再以一定的数据结构形式对所定义的几何实体加以描述,从而在计算机系统内部构建一个实体模型。通常,把能够定义、描述、生成几何实体,并能交互编辑的计算机系统称为几何造型系统。

由于计算机内部环境特征具有一维性、离散性、有限性,而实际的产品是三维的、连续的,因此计算机实体建模需要解决计算机系统环境与实际产品模型信息的匹配问题。在表达与描述三维实体时,如何对实体进行有效的定义与表达,成为 CAD 建模技术的核心。

CAD 建模技术的方法是将对实体的描述和表达建立在几何信息和拓扑信息的处理基础之上。几何信息是指对实体在空间的形状、尺寸及位置的描述,拓扑信息是对构成实体之间连接关系的表达。根据几何信息、拓扑信息及存储方法的不同,CAD 建模系统大致可以划分为线框建模、曲面建模、实体建模、特征建模 4 种主要方式。

2.2.1　线框建模技术

线框建模技术是 CAD 建模技术中运用最早,也是最简单的一种建模方式。在线框建模技术中,基本线素是定义设计产品棱边的主要方式。通过构建产品立体框架图来表达产品模型,通过一系列的直线、圆弧、自由曲线等线素来表达产品轮廓,进而在计算机软件系统中生成三维图像,并实现视图的变换。在 CAD 软件中,通过产品各顶点、边线、尺寸、外形等信息,构成线框模型的全部产品信息,如图 2-2 所示。

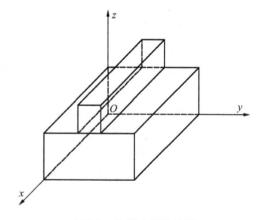

图 2-2　线框建模示意图

线框建模技术所需的产品信息较少,内部运算也较为简单,占据内存小,对计算机硬件无特殊要求,对于操作人员来说也容易掌握。但是线框造型由于其简单性也存在一定的局限性。线框建模技术在曲边、曲面建模中,难以完整表述产品的所有模型信息,面对复杂多细节模型时,无法精确地表达。并且在线框建模中,线素之间没有关联关系,只是独立存在的线条,无法准确地表达产品面、体信息,而且大多数线框建模不具备自动消隐功能,给判断产品真实造型带来困难。

2.2.2　曲面建模技术

当产品模型较为复杂,难以用既定的外形数据及结构参数进行定义时,可以利用曲面建模技术进行有效解决。曲面建模技术是侧重于对产品模型各个表面进行描述进而构造实体模型的方法。通过对产品模型复杂表面进行分解,利用多个组面形成的基本面素来构造产品模型,这些面素可以是平面,也可以是曲面。在建模软件中,曲面造型除了顶点信息、边界信息、线条信息以外,还提供了面素信息。曲面造型实例,如图 2-3 所示。

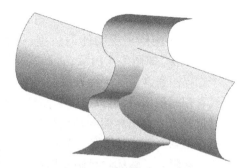

曲面建模技术由于添加了面素信息,所以在产品三维属性表达的直观性方面远远超过了线框模型,具有更好的完整性、严密性。尤其在一些车身、机翼等曲面造型的产品运用中,能够完整地定义表达三维物体的表面,并且可以渲染出更加逼真的颜

图 2-3　曲面建模示意图

色,使用户能够更加直观、高效、精确地进行产品外形设计。但是曲面造型也有其局限性,曲面建模技术建立的是产品的表面,无法构成一个实体,在工程分析中,无法承载重量、体积、重心、转动惯量等工程因素信息。

2.2.3　实体建模技术

实体建模技术的实质是在计算机建模系统中以实体的方式描述产品的方法。实体建模技术充分发挥了实体模型可以承载几乎所有产品定义信息的优势,可以实现对边、角、面的判断及消隐功能。体、面、环、边、点、壳 6 层拓扑结构决定了实体建模的定义方式。实体建模技术通常包含 4 种方法:单元分解法、边界表示法、构造实体几何法和扫描法。

1. 单元分解法

单元分解法是利用一些相邻或者相切的实体单元模块构成整体的产品实体模型。这些实体单元相比较于产品模型更加的单元化、标准化。每一个单元系统中都定义一套互不相同的基本实体单元,通过参数化设计读取、调用、运用,通过简单的单元实体模型的空间排列组合,进而形成复杂的产品实体模型。参与构成实体模型的单元模块之间互相存在一定的约束或者并集,同一单元模型在产品实体中也可以重复调用。产品实体模型的单元分解法具有多样性,因为每个设计人员的模型设计思想有各自的特点与差异,对产品模块分解的方式也因人而异。

2. 边界表示法

通过产品模型的边界信息,即顶点、棱边和表面来描述形体的方法被称为边界表示法。利用边界表示法表达产品模型时,先将模型表面分割成若干个表面,这些表面仅仅通过点、线相接。每个组成的面用组成该面的顶点和边线表示。由于边界表示法的有限性,在表达产品模型信息的时候也需要规定一些约束条件及对应的拓扑关系。边界表示法在计算机系统中包含几何信息和拓扑信息这两种表达信息。

3. 构造实体几何法

通过有界的体素代替无界的空间,对不同体素进行交集、并集、差集等集合运算,进而构造三维形体的方法称为构造实体几何法。其核心过程就是体素信息的集合运算过程。在通过体素信息进行产品模型构造时,不仅需要定义尺寸等参数,也要定义体素的位置、基准等信息,以便进行正确的体素集合运算。

4. 扫描法

在实际产品模型构建中,常常会遇到一些较为复杂的实体模型。这些模型难以通过常规体素来表达。这种情况下，可以通过定义基体，利用基本的变形操作实现物体的造型，这种构造实体的方法称为扫描法，如图 2-4 所示。

扫描法通常包括平面轮廓扫描和整体扫描两种。当模型具有相同截面时，可以通过平面轮廓扫描得到产品模型。通过定义一个封闭界面的截面轮廓，使其绕既定的轴线旋转即可得到一个扫描实体。旋转轴线及旋转角度都可以通过定义来限定。整体扫描则是通过一个三维实体的旋转来得到实体模型。整体扫描对仿真运动的干涉检查及在 CAM 中刀轨生成、检验方面具有很高的实用价值。

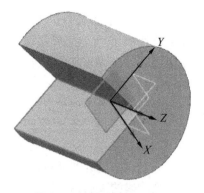

图 2-4　扫描法建模示意图

2.2.4　基于特征的建模技术

在实体建模技术中，产品的几何信息和拓扑信息可以得到有效地表达。但是由于在产品设计中存在诸多非几何信息，如产品材料、加工信息、公差、装配工艺等，所以实体建模方法不能有效完备地表达产品所有信息。为了提高产品设计水平，逐渐发展出了基于实体模型的特征模型和基于特征的设计思想。基于特征的建模技术，成为面向整个 CAD/CAPP/CAM 过程的建模方式，完整地表述了产品在设计、分析、制造过程中所需要的信息。

一般情况下，将特征定义为一组具有特定属性的实体。特征反映了一个零部件的特定几何形状和特定的加工功能要求。特征一般包括：形状特征、精度特征、材料特征、装配特征、分析特征等。其中，形状特征作为其他特征的载体，是特征造型的最主要部分。形状特征可以描述为轴、孔、板、壳等。通常情况下，形状特征分为通用特征和应用特征。通用特征就是从机械产品的几何形状抽象出来的一般性特征，由基本形状特征和附加形状特征组成。附加特征形状必须依附于基本形状特征存在。应用特征表示在专业工程运用中所涉及的各种形状特征，包括轴类、支架类、箱体类、曲面类等，这些特征都是以基本形状特征为基础建立而来的。

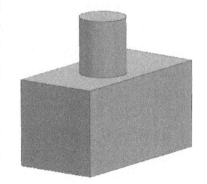

基于特征的建模示意如图 2-5 所示。

在基于特征建模的技术中，特征关系是很重要的一个环节。特征关系包括定位关系和特征联接关系。它们是整个产品设计、加工、制造、分析中信息处理的必要属性信息。

基于特征的建模方式主要有以下两种：

图 2-5　基于特征的建模示意图

1. 基于特征的设计

基于特征的设计又被称为特征的前置定义，是指在产品设计过程中提供预先定义好的一套形状特征。设计者通过对特征的增加、删除、修改等操作来控制特征以建立产品模型。基于特征的建模不仅可以充分地表达产品的几何信息，也可以完备地描述非几何信息，设计者直接面对特征进行建模也可以更好地表达设计意图，并且可以建立一个参数化特征库进行参数化设计，为用户提供自定义特征接口，以满足不同的工程设计需求。

2. 特征的自动识别

特征自动识别工作首先建立几何设计模型，然后从几何模型中识别或抽取形状特征。

基本思想是通过实现开发的特征识别模块,将几何模型中预先存储的特征数据进行调用匹配,标识出零件特征,建立零件特征模型,从而实现产品的建模。不同的特征识别方式也有其独特的识别算法。现在较为成熟的算法包括:特征语义匹配法、几何体生长法、体分解法、CSG 树识别法等。

2.3 CAE 技术

2.3.1 CAE 技术概要

CAE(Computer Aided Engineering)技术是用计算机辅助求解复杂工程的一种近似数值分析方法,广泛运用于计算产品结构强度、刚度、屈曲稳定性、动力响应、热传导、三维多体接触、弹塑性等力学性能。

结构离散化,即将实际结构离散为有限数目的规则单元组合体,这是 CAE 技术的核心思想。实际结构的物理性能可以通过对离散体进行分析,得出满足工程精度的近似结果来替代对实际结构的分析,这样可以解决很多实际工程中需要解决而理论分析又无法解决的复杂问题。

CAE 分析分为:前处理过程,即采用 CAD 技术来建立 CAE 的几何模型和物理模型,完成分析数据的输入;后处理过程,将 CAE 的结果通过 CAD 技术生成形象的图形输出,如等值线图、彩色明暗图、动态显示图。针对不同的应用,也可用 CAE 仿真模拟零件、部件、装置(整机)乃至生产线、工厂的运动和运行状态。

2.3.2 CAE 技术应用

1. 应用领域

CAE 分析的目的就是为机械产品的研制提供参考和指导,缩短相关产品的研制周期,降低产品成本,提高产品质量。CAE 分析主要是应用专业分析软件,对零部件进行结构分析、热分析、接触分析、模态分析、优化分析、拓扑优化、疲劳分析等。典型 CAE 分析如图 2-6 和图 2-7 所示。

图 2-6 某车体计算图片

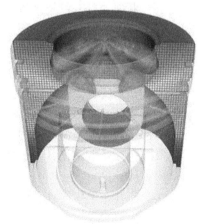

图 2-7 某柴油机活塞耦合场计算图片

2．CAE 技术分析过程

一次 CAE 分析的过程和步骤如图 2-8 所示。根据经验，一个具体的 CAE 分析过程中，用于模型的建立和数据输入的时间占 60% ~75%，用于分析结果的判读和评定的时间占 15% ~30%，而真正的仿真分析和求解计算时间只占 10% 左右。

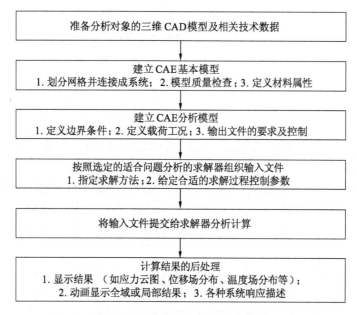

图 2-8　CAE 技术分析过程与步骤

3．CAE 技术分析类型

经过多年的发展和实践，CAE 技术和分析过程现已可在超级并行机、分布式机群，以及大、中、小、微各类计算机和各种操作系统平台上实现。目前国际上先进的 CAE 软件，已可对工程、设备产品及某些制造工艺过程进行种类繁多的性能分析、预报及运行行为模拟。从工程分析的角度，可对目前的 CAE 分析类型做如下分类：

（1）静力和拟静力的线性与非线性分析

这类分析涉及对各种单一和复杂组合结构的弹性、弹塑性、塑性、膨胀、几何大变形、大应变、疲劳、断裂、损伤，以及多体弹塑性接触在内的变形与应力应变分析。

（2）线性与非线性动力分析

这类分析涉及交变载荷、爆炸冲击载荷、随机地震载荷，以及各种运动载荷下的动力时程分析、振动模态分析、谐波响应分析、随机振动分析、屈曲与稳定性分析。

（3）稳态与瞬态热分析

这类分析涉及传导、对流和辐射状态下的热分析、相变分析及热/结构耦合分析。

（4）静态和交变态的电磁场和电流分析

这类分析涉及电磁场分析、电流分析、压电行为分析及电磁/结构耦合分析。

（5）流体计算

这类分析涉及常规的管内和外场层流、湍流、热流耦合及流/固耦合分析。

2.4 逆向工程

2.4.1 逆向工程概述

逆向工程（Reverse Engineering，RE）的概念起源于 20 世纪 60 年代，到 20 世纪 90 年代一些学者从工程应用角度去研究、从反求的科学性对这一概念进行了深化研究。广义上，逆向工程可以分为实物逆向、软件逆向和影像逆向三类。目前，逆向工程的研究目标主要集中在实物几何形状的逆向重构上，称为"实物逆向工程"。

逆向工程也称反求工程，是指用科学方法对实物或模型进行测量，由测量数据开展其三维几何建模及实物的 CAD 模型创建工作，从而实现产品设计与制造的过程。相较于传统的设计制造方法，逆向工程主要是在图纸不完整甚至没有图纸的情况下，利用先进的科学仪器对样品进行扫描，准确快速地测量样品或轮廓外形的表面数据，通过点数据处理、曲面创建、三维实体模型重构等数字化处理技术生成三维模型，并最终完成对已有产品的复制。也可以在此基础上对已有的产品进行剖析、理解和改进。

从某种意义上说，逆向工程就是仿造。这里的前提是默认传统的设计制造为正向工程。软件的逆向工程是分析程序，力图在比源代码更高的抽象层次上建立程序的表示过程，逆向工程是设计的恢复过程。逆向工程工具可以从已存在的程序中抽取数据结构、体系结构和程序设计信息。

逆向工程的基本步骤如图 2-9 所示。首先使用扫描设备对被测物体进行扫描，获得其高密度点云数据，接着使用逆向工程软件，对点云进行特征提取和曲面重构，然后对生成的曲线和曲面进行修改和优化，使其符合再设计和制造的要求，进而进行误差分析。

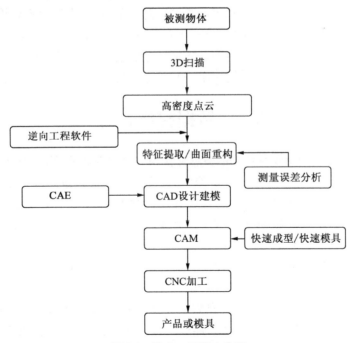

图 2-9 逆向工程基本步骤

在再设计阶段,需要确定各曲线、曲面分块的顺序和精度要求,按照拓扑结构要求调整几何元素之间的空间位置和关系,利用 CAD 系统重构被测对象的几何模型,对产品模型根据实际需要在结构和功能等方面进行必要的创新和改进。

逆向工程的最终目的是完成对被测对象的仿制和改进,要求过程快捷、精确。因此在实施逆向反求过程中应注意:① 从应用角度出发,综合考虑被测对象的参数取舍和扫描过程,力求提高获取点云的精度和处理效率;② 综合考虑被测对象的结构、测量和制造工艺,有效控制制造过程引起的各类误差;③ 充分了解被测对象的工作环境和性能要求,合理确定仿制、改进零件的规格和精度。

2.4.2　逆向工程应用

逆向工程可以迅速、精确、方便地获得实物的三维数据及模型,为产品提供先进的开发、设计及制造的技术支撑。据统计,国外 70% 以上的技术来自于反求。逆向工程已成为联系新产品开发过程中各种先进技术的纽带,并成为消化和吸收先进技术、实现新产品快速开发的重要技术手段。以下是逆向工程技术的应用:

① 在图纸不完整甚至没有图纸的情况下,通过对零件样品的测绘,得到完整的图纸并创建模型,最终完成对零件的复制。

② 在设计某些零部件(如在航空航天领域业和模具制造业)的三维模型时,需要做大量反复试制、修改,甚至实验测试的工作,运用逆向工程可以简化设计过程。

③ 在不需要对整个零件原型进行复制时,如修复破损的艺术品或缺乏供应的被损零件,可借助逆向工程技术获取零件原形的设计思想来指导新的设计。

④ 对于某些产品,要对其做局部修改时,可通过逆向工程建立三维模型进一步改进。

⑤ 逆向工程技术广泛应用于医学领域,在医学假体设计中具有极其重要的作用,如骨缺损的修复、人工关节、人工骨、人工器官等。通过逆向造型,可以提高个性化设计替代物模型的准确度,使缺损部位与替代物匹配度更高,从而提高缺损修复的成功率。

⑥ 可实现电视、电影产业的 3D 造型。随着先进制造技术、计算机技术的不断进步,逆向工程技术也得到相应发展,包括其关键技术,如三维测量、数据处理及快速制造技术等。

2.5　数据交换方法

如今制造业中,CAD/CAM 系统中的数据交换与共享越来越频繁,其重要性也不言而喻。由于各软件间的区别,企业需要在不同 CAD/CAM 系统间进行大量的数据交换。这些 CAD/CAM 系统的内部数据记录方式和处理方法因开发的背景不尽相同,开发软件的语言也不完全一致。因此,为能在 CAD/CAM 系统间进行有效的数据交换,自 20 世纪 80 年代以来,众多发达国家针对不同软件的数据交换技术进行了深入研究,制定了许多标准。

目前较常用的数据转换标准有两种:一是初始图形交换标准 IGES(Initial Graphics Exchange Specification)。它由一系列产品的几何、绘图、结构和其他信息组成,可处理 CAD/CAM 系统的大部分信息。二是产品模型数据交换规范 STEP(Standard for the Exchange of Product Model Data)。STEP 是一个描述怎样表达和交换数字化产品信息的 ISO 标准,是唯一能够描述和支持产品所有定义信息的数据转换标准。

2.5.1 IGES

IGES 是 1980 年在美国国家标准局(NBS)主持下,由波音公司和通用电气公司参加的技术委员会制定的基本图形交换规范,在次年成为美国的国家数据交换标准。制订 IGES 标准的目的就是建立一种用来数字化表示产品数据信息的信息结构。在不同的 CAD/CAM 系统之间建立兼容的产品定义数据交换方式,使现有的 CAD/CAM 系统软件能够将自身的信息转换为 IGES 格式,便于传输及其他软件调用,也确保自身能够读取其他软件转换而来的 IGES 格式信息,形成数据交换接口。

IGES 标准规定了文件结构的格式、语言格式,以及按这些格式所表示的几何、拓扑、非几何的产品定义数据。一些具有几何和非几何信息的实体几何构成了 IGES 标准的数据文件。其中几何信息包括点、线、圆弧、参数曲线、NURBS 曲线、参数曲面、NURBS 曲面和裁剪曲面等各类元素。非几何信息包括标注、定义和组织等。IGES 文件组织是以 ASCII 码的记录长度为 80 个字符的固定长格式、ASCII 码的压缩格式和二进制格式这 3 种数据格式储存的数据文件。

IGES 文件共分为 6 个段,包括标志段、开始段、全局段、索引段、参数数据段、结束段。标志段仅出现在二进制或压缩的 ASCII 文件格式中。IGES 文件每行 80 个字符,每段若干行,每行的第 1~72 个字符为该段的内容,第 73 个字符为该段的段码;第 74~80 个字符为该段每行的序号。段码是这样规定的:字符"B"或"C"表示标志段;"S"表示开始段;"G"表示全局段;"D"表示元素索引段;"P"表示参数数据段;"T"表示结束段。

2.5.2 STEP

STEP 是国际标准化组织(ISO)制定的关于产品数据的表达与交换的系列标准,它促进了产品数据的计算机可理解性及交换的规范,为用户提供了一种中性机制,该机制不依赖于任何具体的软件系统。它可用来建立包括产品整个生命周期的、完整的、语义一致的产品数据模型,从而满足产品生命周期内各阶段(包括产品的设计、制造、维护、报废等)对产品信息的不同需求,有效确保了产品信息的统一性;促进分布在不同地点的企业部门之间数据交换的规范性,使得产品信息能以计算机能理解的形式表示,使得企业数据信息在不同的计算机系统之间进行交换时保持一致和完整。

STEP 标准的制订主要针对不同的 CAX 系统进行一致性的数据交换与资源共享,特别是在 CAX 系统信息集成基础上进行的产品全生命周期数据共享。STEP 的体系可以看作三层,其标准体系结构如图 2-10 所示。

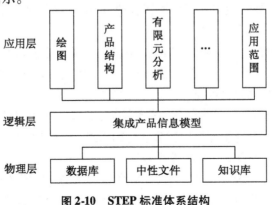

图 2-10 STEP 标准体系结构

STEP 体系的最上层是应用层，主要包括应用的范围、目标及产品结构等，是面向具体应用并与应用有关的一个层次。第二层是逻辑层，主要是集成产品的信息模型构建，该信息模型需确保完整，是实际应用的抽象集合。最底层是物理层，包括实现过程需要的数据库、中性文档及专业知识库等。STEP 由许多部分组成，可分为描述方法、集成资源、应用协议、实现方法、一致性测试方法论与框架等 5 个部分，它是一个系列性的数据转换标准。

2.6　PDM 技术

2.6.1　PDM 内涵

随着市场竞争环境日益激烈，不断开发出新的具有创新性的产品并占领市场成为每个企业的重要任务。最大化的提高产品生产质量，缩短产品生产周期成为每个行业的追求。随着计算机技术的发展，企业信息化的不断普及，产品数据管理（Product Data Management，PDM）技术也应运而生。PDM 作为一种数据管理工具，可以有效地帮助工程师及技术人员管理产品研制、生产、装配等生命全周期的数据。PDM 系统可以实现设计、制造环节的跟踪功能，确保精确管理设计、制造所需的大量数据和信息，对产品的全生命周期起到支持和维护作用。从产品来看，在产品组织设计、产品结构修改等方面，PDM 系统可以跟踪进展中的设计概念，及时方便地找出存档数据及相关产品信息；从过程来看，PDM 系统可有效协调诸如设计、审查、批准、变更、工作流优化及产品发布等整个产品生命周期内的过程事件。目前 PDM 运用技术远远不止如此，随着计算机技术的不断发展及企业数据管理的不断完善，PDM 逐渐被定义为"依托 IT 技术实现企业最优化管理的有效方法，是科学的管理框架与企业现实问题相结合的产物，是计算机技术与企业文化相结合的一种产品"。

PDM 技术是企业产品研发和生产技术、管理模式、企业理念的全方位结合，它贯穿了企业设计、制造、管理的全生命周期过程，是一项具有极强的实施性和应用性的技术。所以，在市场竞争日益激烈的环境下，PDM 技术的发展受到发达国家先进制造企业的高度重视，发展也十分迅猛。但是 PDM 涉及企业内部众多组织信息、产品信息、技术信息等，所以在实施过程中也存在很多难点，贯彻起来较为复杂，因而需要分阶段、在合理的规划下逐步完善。

2.6.2　PDM 功能与作用

PDM 软件系统的主要功能包括工程文档管理、工作流程管理、产品配置管理、项目管理、分类与检索等，如图 2-11 所示。

由电子图档管理系统发展而来的 PDM 在功能上已成为企业信息集成的平台，是企业实施信息化的必然要求。PDM 对企业信息化的作用主要体现在以下几个方面：

1. PDM 是企业信息化的突破口

PDM 很好地集合了企业的管理信息、技术信息、工作流程，综合了企业所有与产品相关的数据信息，有效地促进了企业虚拟化和数字化的发展，为企业生产效益找到了突破口。

2. PDM 是 CAD/CAPP/CAM 的集成平台

企业在产品设计中，一般会用到一种或多种 CAD 系统，如用 AutoCAD 进行制图，而用 NX 或 Pro/ENGINEER 等进行三维建模。因此，产品的设计研发信息、加工制造信息等往往

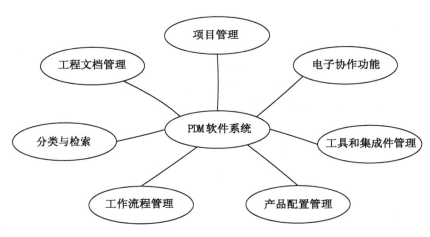

图 2-11　PDM 功能与作用

需要多种建模软件来描述，PDM 技术的发展给 CAD/CAPP/CAM（3C）集成技术带来了革新，使得产品的设计、工艺、制造信息一体化，打破了信息孤岛的限制，有效地完成了统一数据源的建立。目前一致认为 PDM 系统是新一代信息集成平台中最为成熟的技术，它支持不同软硬件平台、不同网络和不同数据库，不同的 CAD/CAPP/CAM 系统都可从 PDM 中提取各自所需的信息，再将结果返回 PDM 中，从而实现 3C 的无缝集成。

3．PDM 是企业信息传递的桥梁

传统的产品设计制造过程中，产品的技术信息主要通过二维图纸来表述，这些图纸信息一般由单位的资料室统一存档管理。企业技术中心和管理计划部门之间的信息沟通也是靠纸质媒介来传达。产品信息、技术说明、信息反馈等均需人工进行传递，效率低下并且容易出现反馈不及时，给企业带来损失。PDM 系统作为 3C 的集成平台，是沟通设计部门和管理信息系统（MIS）及制造资源规划系统（MRPⅡ）之间信息传递的桥梁，MIS 和 MRPⅡ 从 PDM 的集成平台可以自动得到所需的产品信息，如材料清单 BOM 等，无须靠人工从键盘重复输入。

4．PDM 是企业全局信息的集成框架

企业信息纷繁复杂，需要一种软件能够在异构、分布式计算机环境中实现企业所有产品信息和管理信息的集成、制造过程的集成及产品功能的集成。企业的信息流还包括设备资源、物料消耗等众多信息。这些信息的集成可分为企业资源、生产对象和经营决策等。其中，企业资源包括人、财、物的信息，生产对象包括产品的全部信息，经营决策包括产、供、销的信息。利用计算机来处理人、财、物、产、供、销的信息，可使之形成一体化的集成系统，进而形成整个企业的全局信息框架。

5．PDM 是企业间协同工作平台

PDM 系统具有开放式可扩展体系结构，能够有效支撑扩展企业的协同和产品的全生命周期管理。在跨企业的协同工作环境下，也支持异构应用系统和异构数据的透明互操作，更加完善地提供企业协作发展水平，提高产品生命周期管理能力。PDM 不但要实现自身的系统功能目标，也需要完成企业实施的可行性目标。PDM 自身功能目标的实现，有助于增加企业系统的柔性，带动企业效益最大化发展。通过不断增加 PDM 系统本身的通用性，有效降低企业的实施难度和复杂程度，减少企业实施周期，是 PDM 作为企业协同工作平台的一个必要性能。随着企业的不断发展，最终实现实施 PDM 的企业级信息集成。

2.6.3 PDM 体系结构

PDM 是以计算机网络环境下的分布数据库系统为技术支持,采用客户/服务器结构和工作方式,为企业实现产品全生命周期的信息管理,协调工作流程,进而建立的并行化产品开发工作协作环境。PDM 系统主要由 4 层结构组成,从上至下分别为用户层、功能层、管理层和环境层,如图 2-12 所示。

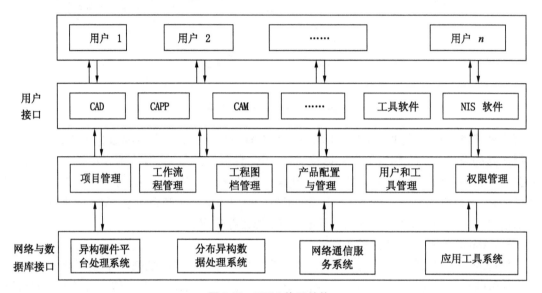

图 2-12   PDM 体系结构

2.7   常用的 CAD/CAE/RE/PDM 软件

2.7.1   CAD 软件

1. SolidWorks

SolidWorks 是达索公司旗下的常用三维建模软件,其界面易用,能在整个产品设计的工作中完全自动捕捉设计意图和引导设计修改。在装配设计中可以直接参照已有的零件生成新的零件。不论是用“自顶而下”的方法还是“自底而上”的方法进行装配设计,SolidWorks 都将以其易用的操作大幅度地提高设计的效率。其具有以下特点:

① 基于特征及参数化的造型。SolidWorks 装配体由零件组成,而零件由特征(如凸台、螺纹孔、筋板等)组成。这种特征造型方法,直观地展示人们所熟悉的三维物体,体现设计者的设计意图。

② 巧妙地解决了多重关联性。SolidWorks 的设计过程包含三维与二维交替的过程,因此完整的设计文件包括零件文件、装配文件和二者的工程图文件。SolidWorks 软件成功地实现了设计过程中的多重关联,使得设计过程顺畅、简单及准确。

2. Pro/ENGINEER

Pro/ENGINEER 是美国参数技术公司(PTC)旗下的 CAD/CAM/CAE 一体化的三维软件。Pro/ENGINEER 以参数化著称,是参数化技术的最早应用者,在目前的三维造型软件领域中占据重要地位,是现今主流的 CAD/CAM/CAE 软件之一。其功能及其特点如下:

① Pro/ENGINEER 是基于特征的实体模型化系统,工程设计人员采用具有智能特性的基于特征的功能生成模型,如腔、壳、倒角及圆角,也可以随意勾画草图,轻易改变模型。这一功能特性使设计更简易和灵活。

② Pro/ENGINEER 建立在统一基层的单一数据库上。所谓单一数据库,就是工程中的资料全部来自一个库,使得每一个独立用户为一件产品造型而工作,不管他是哪一个部门的。换言之,在整个设计过程的任何一处发生改动,亦可前后反应在整个设计过程的相关环节上。例如,一旦工程详图有改变,NC(数控)工具路径也会自动更新;组装工程图如有任何变动,也同样反应在整个三维模型上。这种独特的数据结构与工程设计的完整的结合,使得设计更优化,成品质量更高,产品能更好地推向市场,价格也更便宜。

3. NX

NX 是西门子公司旗下的三维建模软件,是集合交互式 CAD/CAM 的综合系统,功能强大,可轻松实现各种复杂实体及造型的建构。目前已经成为模具行业三维设计的主流应用软件。NX 的目标是用最新的数学技术,即自适应局部网格加密、多重网格和并行计算,为复杂应用问题的求解提供灵活的软件基础。NX 具有 3 个设计层次,即结构设计(Architectural Design)、子系统设计(Subsystem Design)和组件设计(Component Design)。其功能及特点如下:

① 具有统一的主模型数据库,真正实现了 CAD/CAM/CAE 等各模块之间的无数据交换,从而实现并行工程。

② 采用复合建模技术,可将实体建模、曲面建模、线框建模、显示几何建模与参数化建模融为一体。

③ 用基于特征(如孔、凸台、型腔、槽沟、倒角等)的建模和编辑方法作为实体造型基础,形象直观,类似于传统的设计方法,并能参数驱动。

④ 曲面设计采用非均匀有理 B 样条作为基础,可用多种方法生成复杂的曲面,特别适用于汽车外形设计、汽轮机叶片设计等复杂曲面造型。

⑤ 出图功能强,可方便地从三维实体模型直接生成二维工程图。能够按 ISO 标准和国标标准标注尺寸、形位公差和汉字说明等,并能直接对实体做旋转剖、阶梯剖和轴测图挖切等生成各种剖视图,增强了绘制工程图的实用性。

⑥ 以 Parasolid 为实体建模核心,实体造型功能处于领先地位。目前著名的 CAD/CAM/CAE 软件均以此作为实体造型基础。

⑦ 提供了界面友好的二次开发工具 OPEN GRIP,UFUN 及 UI BLOCK,并能通过高级语言接口,使 NX 的图形功能与高级语言的计算功能紧密地结合起来。

⑧ 具有友好的用户界面,绝大多数功能都可以通过图标实现。进行对象操作时,具有自动推理功能,在每个操作步骤中,都有相应的提示信息,以便用户做出正确的选择。

4. CATIA

CATIA 软件以其强大的曲面设计功能在飞机、汽车、轮船等设计领域享有很高的声誉。

CATIA 提供了极丰富的造型工具来支持用户的造型需求。其特有的高次 Bezier 曲线曲面功能，能满足特殊行业对曲面光滑性和多样性的要求。其功能及特点如下：

① 重新构造的新一代体系结构。为确保 CATIA 产品系列的发展，CATIA 新的体系结构突破传统的设计技术，采用了新一代的技术和标准，可快速地适应企业的业务发展需求，使客户具有更大的竞争优势。

② 支持不同应用层次的可扩充性。CATIA 对于开发过程、功能和硬件平台可以进行灵活的搭配组合，可为产品开发链中的每个专业成员配置最合理的解决方案。允许任意配置的解决方案可满足从最小的供货商到最大的跨国公司的需要。

③ 与 NT 和 UNIX 硬件平台的独立性。CATIA 是在 Windows NT 平台和 UNIX 平台上开发完成的，并在所有所支持的硬件平台上具有统一的数据、功能、版本发放日期、操作环境和应用支持。CATIA V5 在 Windows 平台的应用可使设计师更加简便地同办公应用系统共享数据；而 UNIX 平台上 NT 风格的用户界面，可使用户在 UNIX 平台上高效地处理复杂的工作。

④ 专用知识的捕捉和重复使用。CATIA 结合了显式知识规则的优点，可在设计过程中交互式捕捉设计意图，定义产品的性能和变化。隐式的经验知识变成了显式的专用知识，提高了设计的自动化程度，降低了设计错误的风险。

⑤ 给现存客户平稳升级。CATIA V4 和 V5 具有兼容性，两个系统可并行使用。对于现有的 CATIA V4 用户，V5 引领他们迈向 NT 世界。对于新的 CATIA V5 客户，可充分利用 CATIA V4 成熟的后续应用产品，组成一个完整的产品开发环境。

5. CAXA

CAXA 实体设计是唯一集创新设计、工程设计、协同设计于一体的新一代 3D CAD 系统解决方案。易学易用、快速设计和兼容协同是其最大的特点。它包含三维建模、协同工作和分析仿真等各种功能，其无可匹敌的易操作性和设计速度帮助工程师将更多精力用于产品设计本身，而非软件使用的技巧。其功能及特点如下：

① 提升设计效率的 CAD 工具。CAXA 直观的用户界面、简便的操作方式、可自定义的全套可视功能可减少设计环节、操作步骤和对话框数量并减轻视觉干扰，使设计变得犹如搭积木一样简单，只要用户熟悉 Windows 操作系统，就可以进行产品设计。

② 折叠曲面造型及处理。CAXA 提供了包括封闭网格面、多导动线放样面、高阶连续补洞面、直纹面、拉伸面、旋转面、偏移面等强大曲面生成功能，以及曲面延伸、曲面搭接、曲面过渡、曲面裁剪、曲面补洞、还原裁剪面、曲面加厚、曲面缝体、曲面裁体等强大曲面编辑功能，能够实现各种高品质复杂曲面及实体曲面混合造型的设计要求。

③ 折叠草图绘制及 2D 到 3D 的转换接口。CAXA 强大的符合工程定义的草图工具，提供各种 2D 曲线、构造线、草图等的选取和绘制功能，丰富的几何约束和状态显示控制功能，支持直接读入并处理".dwg"".dxf"".exb"文件，完全消除了从 2D 到 3D 的转换困难。同时可方便、灵活、精确地实现草图基准点、基准轴、基准面的设定及变换，并支持直接拷贝二维几何到三维草图中。

④ 折叠 3D 曲线搭建。CAXA 具有独特的 3D 曲线搭建方式及工程数据读入接口；提供了创建 3D 参考点、3D 曲线、2D 曲线类型，生成曲面交线、投影线、包裹线、实体与曲面边线，以及 3D 曲线打断、曲线裁剪、曲线组合、曲线拟合、曲线延伸等的编辑和借助三维球的曲线变换、绘制功能；可利用读入".txt"".dat"工程数据文件直接生成空间 3D 曲线；为复杂高阶

连续曲面的设计提供了强大支持。

6. SpaceClaim

SpaceClaim 是世界首个自然方式 3D 设计系统。用户可以比以往任何时候以更快的速度进行模型的创建和编辑。不同于基于特征的参数化 CAD 系统,SpaceClaim 能够让用户以最直观的方式直接编辑模型,自然流畅地进行模型操作而无须关注模型的建立过程。

SpaceClaim 的主要建模工具能完成用户想要做的设计和编辑:① 直接建模工具(拖拉和移动)能轻松自如地完成设计和编辑;② 合并工具能轻易地完成各种模型的合并和分割;③ 填充工具能快速的填充或去除各种特征。

SpaceClaim 主要的功能和特点如下:

① 该软件无参数建模,支持全中文。

② 软件体积小,系统要求低。其生成的模型可用于 CAM,与各大软件接口好,数据格式转换轻松、无问题。

③ 直接建模技术无论模型是否有特征,用户都可直接进行后续模型的创建,这使得用户可以在一个自由的 3D 设计环境下工作,以比以往任何时候以更快的速度进行模型的创建和编辑。

2.7.2　CAE 软件

1. ADINA

ADINA 作为一款单机系统程序,广泛应用于复杂有限元分析。

ADINA 系统是最主要的、用于结构相互作用的流体流动的完全耦合分析程序,主要由以下几个模块构成:预处理和后处理功能的 ADINA-AUI;直接创建几何模型的 ADINA-M;应力分析、静力学和动力学结构分析的 ADINA-Structure;流体计算的 ADINA-CFD;热传递求解的 ADINA-Thermal;带有结构相互作用的流体流动完全耦合分析工具 ADINA-FSI;完全耦合热机械问题求解的 ADINA-TMC。

常用的 ADINA-AUI 具有以下特点:

① 模型的几何图形可直接创建,或者从多种 CAD 系统中引入,包括从 Pro/E 或基于 Parasolid 的系统 CAD 软件引入的固体模型。

② 物理特性、载荷和边界条件可直接分配到模型的几何图形上,因此有限元网格得到修改,不受模型清晰度的影响。

③ 普通的几何图形上可使用全自动网格生成,它可灵活控制单元大小分布,而映射网格划分可用于更简单的几何图形。

④ 在模型创建期间,对话文件(Session)会记录下用户的输入和选取值。通过播放对话文件可以重新创建一个完整的模型,同时还可以修改对话文件创建一个不同的模型。

2. ABAQUS

ABAQUS 是一个协同、开放、集成的多物理场仿真平台。它是一套功能强大的工程模拟的有限元软件,其应用范围极其广泛,既可分析相对简单的线性问题,又可分析复杂的非线性问题。

ABAQUS 包括一个丰富的、可模拟任意几何形状的单元库。同时拥有各种类型的材料模型库,可以模拟典型工程材料的性能,其中包括金属、橡胶、高分子材料、复合材料、钢筋混凝土、可压缩超弹性泡沫材料及土壤和岩石等地质材料。作为通用的模拟工具,

ABAQUS 除了能解决大量结构（应力/位移）问题，还可以模拟其他工程领域的许多问题，如热传导、质量扩散、热电耦合分析、声学分析、岩土力学分析（流体渗透/应力耦合分析）及压电介质分析。

ABAQUS 包含 ABAQUS/Standard 和 ABAQUS/Explicit 两个主求解器模块。其主要功能包括：

① 传统的静态应力位移分析、动态粘塑性分析等；

② 各类耦合分析，包括热力耦合、热电耦合等；

③ 温度相关的瞬态温度、位移耦合分析和退火成型分析等；

④ 海洋工程结构分析和水下冲击分析等；

⑤ 材料相关的疲劳分析等。

3. ANSYS

ANSYS 有限元软件包是一个多用途的有限元法计算机设计程序，可以用来求解结构、流体、电力、电磁场及碰撞等问题。因此它可应用于航空航天、汽车工业、生物医学、桥梁、建筑、电子产品、重型机械、微机电系统、运动器械等工业领域。软件主要包括前处理模块、分析计算模块和后处理模块三部分。

① 前处理模块：提供一个强大的实体建模及网格划分工具，用户可方便地构造有限元模型。

② 分析计算模块：包括结构分析（可进行线性分析、非线性分析和高度非线性分析）、流体动力学分析、电磁场分析、声场分析、压电分析及多物理场的耦合分析，可模拟多种物理介质的相互作用，具有灵敏度分析及优化分析能力。

③ 后处理模块：可将计算结果以彩色等值线显示、梯度显示、矢量显示、粒子流迹显示、立体切片显示、透明及半透明显示（可看到结构内部）等图形方式显示出来，也可将计算结果以图表、曲线形式显示或输出。

4. ADAMS

ADAMS，即机械系统动力学自动分析（Automatic Dynamic Analysis of Mechanical Systems），是一款虚拟样机分析软件。ADAMS 软件由若干模块组成，分为核心模块、功能扩展模块、专业模块、工具箱和接口模块等。其具有如下特点：

① 可进行静力学、运动学、线性或非线性动力学分析，包括刚体和柔性体分析，具有先进的数值分析技术和强有力的求解器。

② 具有大型、超大型工程问题的求解能力，具有极好的解算稳定性，支持并行计算、系统参数化试验研究和优化分析。

③ 具有一个强大的函数库供用户自定义力和运动发生器，具有开放式结构，允许用户集成自己的子程序。

④ 能够自动输出位移、速度、加速度和作用力，仿真结果显示为动画和曲线图形，可预测机械系统的性能、运动范围、碰撞、振动峰值载荷和计算有限元输入载荷，且支持同大多数 CAD、FEA 和控制系统仿真软件的双向通信。

5. Nastran

Nastran 是国际上应用最广泛的 CAE 工具，大量的制造厂商依靠其分析结果来设计和生产更加安全可靠的产品，得到更优化的设计，缩短产品研发周期。目前，Nastran 成为几乎所有国际大企业的工程分析工具,其分析结果已基本成为工业化标准。其应用领域包括航空航天、汽车、军工、船舶、重型机械设备、医药和消费品等。

Nastran 适用于需要完成大量流程化分析计算的用户。它的特点是灵活、可靠,并能同大量其他分析软件协同运作,形成统一高效的分析流程,并在整个流程中承担核心求解任务。它的数据格式可以在绝大多数 CAE 软件中识别和使用,使得同其他 CAE 使用者交换数据的方式灵活方便,大大减少了数据转换和共享的工作量。

2.7.3　RE 软件

1. Imageware

Imageware 产品作为一种独特、综合的自由曲面构造及检测工具,因其强大的点云处理能力、曲面编辑能力和 A 级曲面构建能力而被广泛应用于汽车、航空、航天、消费家电、模具、计算机零部件等设计与制造领域。该产品向模块化的方向发展,专注于四项关键的核心竞争力:三维检测、高级曲面、多边形造型和逆向工程。

航空航天和汽车工业领域对空气动力学性能有着极高的要求,在产品开发的开始阶段就要认真考虑空气动力性。常规的设计流程首先根据工业造型需要设计出结构,制作出油泥模型之后,将其送到风洞实验室去测量空气动力学性能,然后再根据实验结果对模型进行反复修改,直到获得满意结果,如此所得到的最终油泥模型才是符合需要的模型。Imageware 完美地解决了将油泥模型快速过渡到计算机可以随心所欲处理的“数字世界”这一难题,利用测量仪器测出模型表面点阵数据后,再利用逆向工程软件 Imageware 进行处理即可获得曲面。

2. Geomagic studio

Geomagic studio 是由 Geomagic 公司出品的一款逆向软件。作为一种应用广泛的逆向建模软件,Geomagic studio 可轻易地根据扫描所得的点云数据创建出完美的多边形模型和网格,自动转换为 NURBS 曲面。其主要功能包括自动将点云数据转换为多边形(Polygons)、快速减少多边形数目(Decimate)、把多边形转换为 NURBS 曲面、曲面分析(公差分析等)、输出与 CAD/CAM/CAE 匹配的文件格式(IGS,STL,DXF 等)。

Geomagic studio 具有以下特点:

① 简化工作流程,提高生产率,与传统计算机辅助设计(CAD)软件相比,在处理复杂的或自由曲面的形状时生产效率可提高 10 倍。

② 可与所有的主流三维扫描仪、计算机辅助设计软件(CAD)、常规制图软件及快速设备制造系统配合使用;完全兼容其他技术的软件,可有效减少投资。

③ 支持多种数据格式,提供多种建模格式,包括目前主流的 3D 格式数据:点、多边形及非均匀有理 B 样条(NURBS)模型。数据的完整性和精确性确保可以生成高质量的模型。

3. CopyCAD

CopyCAD 是一款由英国 DELCAM 公司出品的功能强大的逆向工程系统软件,它能够从现存的零件或实体模型中直接生成三维 CAD 模型。该软件可以处理复杂的数据,并生成 CAD 曲面。CopyCAD 能够接收来自坐标测量机床的数据,同时跟踪机床和激光扫描器。

CopyCAD 是一种能根据数字化数据产生 CAD 表面的综合工具,用户界面简单,使得用户可以在较短的时间内完成生产,并且能够快速掌握其功能。CopyCAD 能够完全控制曲面边界的选取，再根据设定的公差使光滑的多块曲面自动生成。同时，CopyCAD还能够确保连接曲面之间的正切的连续性。

4. RapidForm

RapidForm由韩国INUS公司出品。RapidForm作为全球四大逆向工程软件之一，推出了新一代运算模式：实时将点云数据运算出无接缝的多边形曲面，使其成为3D Scan后处理之最佳化的接口。RapidForm可以使3D扫描设备的运用范围扩大，改善扫描品质，从而使得工作效率提升。

RapidForm具有众多功能特性，包括多点云数据管理界面、多点云处理技术、快速点云转换成多边形曲面的计算法、彩色点云数据处理、点云合并功能等。

2.7.4　PDM软件

1. Windchill

Windchill是PTC公司推出的一套集成应用软件，用来管理产品和工序的整个生命周期。它充分利用Internet和相关的信息技术，为系统提供了一种应用软件基础，从而保证能快速、高效地部署产品信息应用软件；为制造商提供了灵活性，即在最少产品种类情况下，根据要求，为客户提供自定义产品。Windchill提供了个人化设计端口，客户可以使用这些端口来评估他们所定义产品的参数配置，从而大大改善与客户的交流。

2. ENOVIA

ENOVIA（协同技术）与达索系统虚拟设计工具（CATIA）一起构建其PLM系统。支持作为一个在线协同环境的PLM 2.0，将产品全生命周期中的产品创建人员、合作人员和消费者联系在一起。它提供全面的协同创新、在线创建和协同、一个用于IP管理的PLM平台、真实感体验、安装即用的PLM业务流程，总体拥有成本（TCO）低。它提供Governance，Global Sourcing，IP Lifecycle Management，Unified Live Collaboration四个基于业务流程的领域，能够最大限度地满足特别的需求。

3. SolidWorks EPDM

SolidWorks EPDM软件是世界上第一个基于Windows开发的三维CAD系统，由于使用了Windows OLE技术、先进的Parasolid内核（由剑桥提供）及良好的与第三方软件集成的集成技术，成为全球装机量最大、最易使用的三维建模软件。资料显示，目前全球发放的SolidWorks软件使用许可约28万，涉及航空航天、机车、食品、机械、国防、交通、模具、电子通讯、医疗器械、娱乐工业、日用品/消费品、离散制造等，分布于全球100多个国家的约31 000家企业。作为一种软件环境，EPDM以产品为中心，通过计算机网络和数据库技术，把企业产品形成过程中所有与产品相关的信息和过程集成起来统一管理，使产品数据在其生命周期内保持一致和安全，为工程技术人员提供一个协同工作的环境。特别是基于EPDM平台开发的支持产品快速组合设计的变型设计系统，可明显地提高企业设计资源的重用度，缩短产品的上市时间。

4. Teamcenter

Teamcenter提供了一整套全方位的数字化生命周期管理解决方案，使用户能最大限度地发挥其产品知识，并利用它在产品生命周期中的每一个阶段提高盈利能力和生产效率。Teamcenter将人员、流程与知识有机地联系起来，从而激发创造力并提高生产效率。Teamcenter在开放式PLM基础架构之上，为数字化生命周期管理提供了一整套完善的解决方案，其具有如下功能及特点：

① Teamcenter 具备卓越的产品全生命周期管理功能，它能帮助企业基于 Web 建立广义企业，以支持产品生命周期中的所有参与者（企业的供应商、合作伙伴及企业信任的客户）捕捉、控制、评估和利用各种不同的产品知识。

② Teamcenter 支持连接不同类型的信息，包括产品需求信息、项目数据、流程信息、设计几何、供应数据、产品文档及其他来自企业异构的商用系统和企业应用系统中各种形式的产品数据。

③ Teamcenter 作为市场领先的产品全生命周期管理的协同应用系统和解决方案，具有两个卓越功能：a. 统一管理整个产品生命周期；b. 针对行业提供即开即用的解决方案。

5. TH-PDM

TH-PDM 是天河在 TH-CAPP 基础上进一步研发的新一代国产 PDM 系统。TH-PDM 不仅在传统的 VPSCII 标准上有丰富的功能和解决方案，更为重要的是，它有更为全面的业务建模能力，支持应用得到持续拓展和优化；有丰富的远程协同解决方案，支持管理业务范围的持续扩大；有强大的全文检索引擎，支持对智力资产的不断挖掘和复用。但相对于国外 PDM 系统还有较大差距。

◉ 思考与练习 ◉

1. 简述数字化设计技术的基本概念，辨析其与数字化制造技术的联系。

2. 什么是 CAD 技术？其主要功能有哪些？谈谈 CAD 技术在数字化设计技术中的地位。

3. 简述 CAE 的三要素及数学模型，谈谈分析优化的主要步骤。

4. 简述模拟仿真技术的作用与应用。

5. 简述逆向工程的概念，谈谈其基本步骤及关键技术。

6. 谈谈企业数据交换的主要方法。试着将三维模型在不同建模处理软件输入输出，并观察结果。

第3章　SolidWorks 建模与仿真

3.1　SolidWorks 概述

3.1.1　背景和发展

SolidWorks 是由美国 SolidWorks 公司成功开发的一款功能强大的三维机械设计软件系统,它采用智能化的参变量式设计理念和 Microsoft Windows 图形化用户界面,具有表现优异的几何造型和仿真分析等功能,操作灵活,设计过程简单,运行速度快,极大地提高了工程师的设计效率,受到了广大用户的青睐,在结构设计和机械制图领域已经成为三维设计的主流软件之一。

SolidWorks 可以提供不同的产品设计方案,减少设计过程中的错误,避免返工,提高设计效率和产品质量。因此,利用 SolidWorks,设计师和工程师们能更有效地对产品进行建模,并对整个工程系统进行模拟,缩短产品的设计周期和生产周期。

在市场应用中,SolidWorks 成绩卓然。例如,美国国家宇航局(NASA)利用 SolidWorks 及其集成软件 COSMOSWorks 设计制作了"勇气号"飞行器的机器人臂,并在火星探测中成功完成了大量工作。

3.1.2　功能与特点

1. 功能

（1）3D 实体建模

使用 SolidWorks 设计软件中的 3D 实体建模功能,可以加快设计速度,节省产品开发时间,提高生产效率。3D 实体建模是现代化产品开发的关键,为设计、仿真和制造各产品的零件和装配体提供了基础。

（2）大型装配体设计

利用 SolidWorks 易用的功能可管理、装配、查看和记录大型设计,从而加快设计进程,节省开发时间和成本,并提高生产效率。

（3）钣金设计

使用 SolidWorks 可以快速高效地设计钣金件,缩短设计过程,节省开发时间和成本,并提高生产效率。

（4）塑料与铸造零件设计

使用 SolidWorks 可以快速设计、开发能够满足产品性能和可制造性要求的塑料与铸造零件。借助广泛的设计工具,可以创建简单或复杂的塑料和铸造零件,并确保设计可以成功注模和制造。

（5）焊接

使用 SolidWorks 可以简化焊接结构、框架和基体的设计及制造,快速创建具有拉伸效果的设计并生成制造所需的切割清单和材料明细表。

（6）模具设计

借助 SolidWorks,产品设计师和模具制作师能够在整个开发过程中方便地合并设计更改,使更改立即在最终制造中生效。该软件可用于塑料、铸造、冲压、成型和锻造设计,与产品设计、模具设计和验证完全集成在一个软件包中,可节省时间,降低成本,加快产品开发过程,提高生产效率。

2. 主要特点

SolidWorks 是一款参变量式三维 CAD 设计软件,与传统二维制图相比,参变量式 CAD 设计软件拥有许多优越的性能,是当前机械制图设计软件的主流发展方向。参变量式是参数式和变量式的统称,其中,参数式设计是 SolidWorks 最主要的设计特点。参数式设计是用参数对零件尺寸进行描述,并在设计和修改过程中通过修改参数的数值来改变零件的外形。SolidWorks 中的参数不仅可以代表设计对象的外形尺寸,而且具有实质的物理意义。例如,可以在设计中加入系统参数（体积、表面积、重心等）或者用户参数（密度、厚度等具有设计意义的物理量或者字符）来表达用户的设计思想,这不仅从根本上改变了设计理念,而且使设计变得更加便捷。用户可以运用强大的数学运算方式建立各个尺寸参数间的关系式,从而使模型自动计算出应有的几何外形,即进行参数化建模。典型的优点包括:

（1）模型的真实性

用户使用 SolidWorks 所设计的三维模型是真实的三维模型。与传统的面结构和线结构相比,这种三维实体模型可以将用户的设计思想以最真实的方式表现出来。用户可以借助系统参数将产品的面积、体积、重心、质量、惯性等参数计算出来,以更清楚地了解产品,并进一步进行组件装配等操作,在产品设计的过程中随时掌握设计重点,调整物理参数,大量减少人为计算时间。

（2）特征的便捷性

SolidWorks 中的特征是基于人性化理念而设计的,孔、开槽、圆角等特征都被视作零件设计的基本特征,用户可随时对其进行合理的、不违反几何原理的修正操作（如顺序调整、插入、删除、重新定义等）。

（3）数据库的单一性

SolidWorks 可以随时由三维实体模型生成二维工程图,并进行尺寸等数据的自动标示。三维实体模型中任何数据被修改,与其相关的二维工程图及其组合制造等相关的设计参数都会相应地自动发生改变,这样不仅能确保数据的准确性和一致性,而且能避免因反复修正耗费大量时间,并有效解决人为改图产生的疏漏问题,减少错误的发生。这种采用单一数据库、提供所谓双向关联性的功能,也正符合了现代产业中同步工程的指导思想。

3.2 SolidWorks 建模

3.2.1 建模基本方法

SolidWorks 是面向机械设计的 CAD 应用软件，该软件充分利用图形界面的优势，便于机械设计人员掌握，符合人们的操作习惯。SolidWorks 三维建模主要有以下 5 种方法。

1. 完全手工法建模

手工法建模是常用的建模方法，其过程较简单。操作流程为：文件—新建—零件，进入设计模型界面。用户需要自己判断并选择合适的基准面来绘制草图、生成零件特征。零件特征的生成一般要以草图绘制为依托。零件的每个特征都需要用户编辑生成。这种方法多用于设计非标零件及专门零件，或者用户手里没有可以利用的基本模型。一般的简单小零件使用这种建模方法效率也是比较高的。但在设计箱体等大型复杂零件时，此种建模方法工作量明显加大。

2. 参数化修改法建模

在传统的三维产品造型设计中，产品实体模型是设计者利用固定的尺寸值得到的。零件的结构形状不能灵活地改变，一旦零件尺寸发生改变，必须重新绘制其对应的几何模型，这样会给设计工作带来极大的不便。随着现代工业的快速发展，很多企业开始选择更加高效、更加简便的研发设计方法，参数化修改法建模很好地满足了市场需求。参数化设计是一种使用参数快速构造和修改几何模型的造型方法。利用参数化技术进行设计时，图形的修改变得非常容易，用户构造几何模型时，可以集中于概念和整体设计，因此可以充分发挥设计人员的创造性，提高设计效率。参数化建模是指在参数化造型过程中记录建模过程和其中的变量以及用户执行的 CAD 功能操作。因此，参数化建模通过捕捉模型中的参数化关系记录了设计过程，其本质就是设计过程的记录和回放。这种记录过程与次序有关（是顺序化的），同时它利用一系列定义好的参数对模型进行计算。参数化建模的优势在于速度快，缺点是用户必须提供几何元素的全部尺寸、位置信息，即只有完全定义前一元素才能定义下一元素。参数化的设计技术是一种面向产品制造全过程的描述信息和信息关系的产品数字建模方法。

采用参数修改法建立参数化模型，首先得要有模型库的支持。模型库通常由用户事先用手工方式建立，或下载基础模型，保存在设定好的目录下。需要使用时，从模型库中打开模型文件，对指定的尺寸参数进行修改、重建，就可获得满足需要的模型。这种方法适用于模型标准化程度高的情况或造型过程复杂，可变参量少的情况。

3. 基于二维软件的建模

将二维绘图软件与 SolidWorks 结合起来，充分利用二维数据，可极大提高 SolidWorks 建模效率。零件图形从二维软件导入 SolidWorks 中有两种方法：

① 利用系统剪贴板操作。在绘图软件中框选需要的图形，复制到剪贴板，再切换至 SolidWorks 零件界面中，选择适当平面插入草图。根据草图生成相应特征。

② 利用 SolidWorks 直接打开". dwg"图纸。利用二维软件（如 AutoCAD）先绘制二维图形，并将完成的零件图另存为". dwg"文件，该类文件可被 SolidWorks 软件直接打开，实现将草图从二维图形导入 SolidWorks 中。

4. 坐标法建模

单击 SolidWorks 主菜单,依次单击"插入"—"曲线"—"通过定义点的样条曲线",在弹出的对话框中输入 X,Y 和 Z 的点坐标;也可以单击"浏览"打开已有的曲线点文件,文件格式支持" * . sldcrv"或" * . txt"。

5. 配件库选用建模

SolidWorks 包括标准零件库。Toolbox 中有各种螺纹联接件、轴承、凸轮、齿轮、钻套、销钉、链轮、皮带轮等。单击主菜单"工具"—"插件",在复选项中选择"SolidWorks Toolbox",选择欲插入类型,将其拖入工作区。Toolbox 插件方便用户建模,但其中类型较少,尺寸标注也不符合国内习惯。同时,部分零件仅是相似替代品,并不具有真实性。

为丰富配件库,一些工具集插件扩充了 SolidWorks 自带配件库,如迈迪工具集,它包含种类较多的标准件的选型与非标准件的参数化设计。迈迪工具集标准件选用方式与 Toolbox 类似,不同的是前者对各种零件进行了分类,方便查找,符合操作习惯。迈迪工具集设计工具涵盖弹簧、丝杠、轴及明细表、零件号等。

3.2.2　建模典型步骤

本节对 12 缸船用柴油机进行建模,其简易模型如图 3-1 所示。图 3-2 所示为船用柴油机的主要零件:缸体、曲轴、箱体、连杆、活塞、活塞与连杆的连接轴。

图 3-1　12 缸船用柴油机简易模型

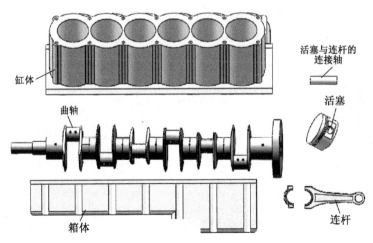

图 3-2　12 缸船用柴油机简易模型零件

缸体零件尺寸较大,整体外形呈现出一定角度的形状。箱体特征较多,完全手动建模工作量大、耗时多。考虑到船用柴油机箱体的相似性,模型关键信息可以共享,使用参数化建模可提高效率。SolidWorks 参数化建模需要参数配置。零件的参数配置有两种方法:一种是手动添加配置;另一种是自动添加配置。以下主要对手动添加配置模型做简要说明。

1. 缸体

打开柴油机缸体零件,激活"ConfigurationManager"设计树,可以通过单击命令管理工具栏窗口中的按钮来切换窗口的显示内容。

(1)激活"ConfigurationManager"设计树

单击按钮 激活"ConfigurationManager"设计树,窗口中会显示带有默认配置列表的"ConfigurationManager",如图 3-3 所示。

(2)修改默认属性

右击"默认［gangti］",选择"属性",如图 3-4 所示,在其属性框中将"配置名称"和"说明"的内容改成大写英文字母"A",如图 3-5 所示。编辑完成后单击完成按钮 退出。

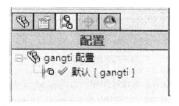

图 3-3　"ConfigurationManager"设计树

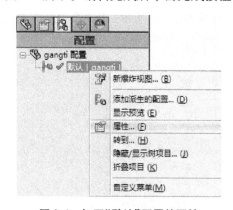

图 3-4　打开"默认"配置的属性

图 3-5　修改配置名称及说明

(3)显示尺寸名称

在 SolidWorks 中,每个草图尺寸都有一个独一无二的名称。默认设置下尺寸名称是被隐藏的,单击菜单栏中"视图"—"尺寸名称"可以将其显示。

(4)显示特征尺寸

打开"Instant3D"命令,并在设计树中右击"注解"文件夹,选择"显示特征尺寸",如图 3-6 所示,则尺寸将会在模型界面显示出来。

(5)添加新配置

右击图中尺寸 φ30,并选择"配置尺寸",弹出如图 3-7 所示"修改配置"对话框。双击对话框中的文字"生成新配置",并输入大写英文字母"B",然后按回车键。重复这一步骤,分别在下

图 3-6　显示特征尺寸

面的行中输入"C""D""E"。在其他列中可添加其他尺寸系列值。

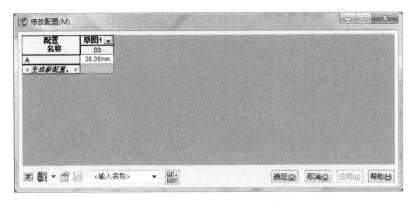

图 3-7　"修改配置"对话框

（6）修改尺寸

按照图 3-8 所示的数据修改"修改配置"对话框内的尺寸。

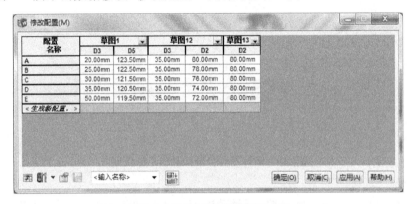

图 3-8　修改不同配置的尺寸值

（7）保存表格

在"输入名称"中输入"规格"，然后单击"保存"按钮。编辑完成后单击"确定"按钮退出。

（8）查看表格和配置

在命令管理工具栏窗口中单击"配置"按钮 ，可以预览事先做好的配置。

（9）保存并关闭零件

保存并关闭模型，命名为"12 缸船用柴油机缸体"。

在以后的建模过程中，用到与此类似的船用柴油机缸体零件即可打开参数化模型。单击按钮 ，单击窗口栏里的"表格"—"规格"，右击图中"规格"表格并选择"显示表格"，将会显示如图 3-8 所示的"修改配置"对话框。用户可以按照需求进行整体配置尺寸的修改，或双击新的配置来更新模型，大幅提高建模效率，如图 3-9 和图 3-10 所示。同样，对以上零件复杂程度分析可以看出，曲轴、箱体、连杆、活塞同样适合用参数化修改的方法来得到三维模型。

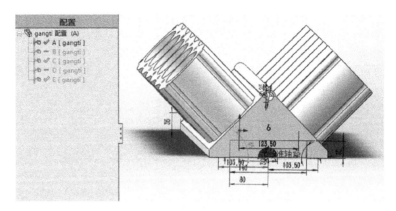

图3-9　船用柴油机缸体参数化模型

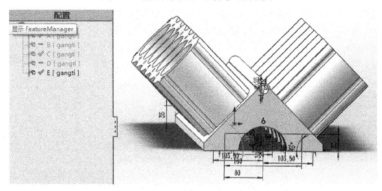

图3-10　选择不同参数配置的缸体模型

2．连接轴

图3-2中的连接轴由于形状简单,可手动建模。连接轴建模过程简单,可直接画出其轮廓草图,并在草图基础上旋转拉伸而成。在此基础上可进一步参数化建模。其造型过程如图3-11至图3-13所示。

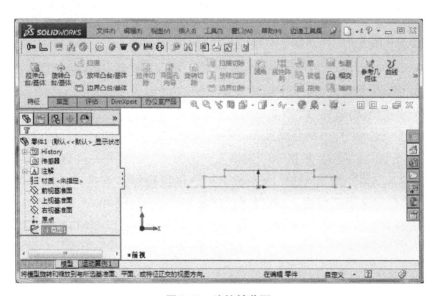

图3-11　连接轴草图

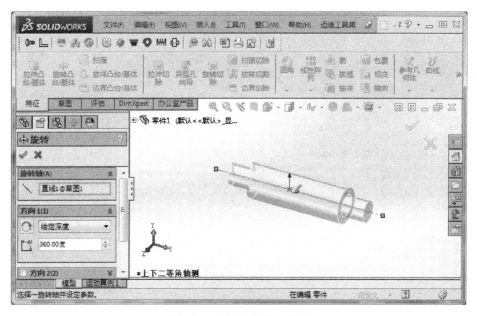

图 3-12 依附草图建立特征

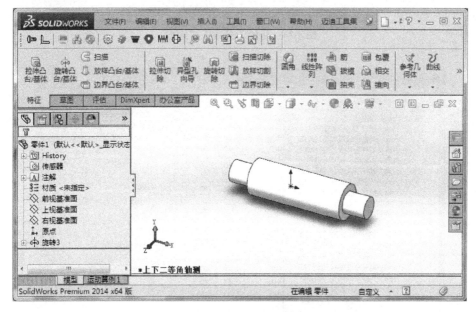

图 3-13 连接轴三维模型

3．标准件

螺纹联接的标准件,可从配件库导出。如用迈迪工具集导出螺栓,其过程如下:首先,单击"迈迪工具集"出现下拉菜单,选择"标准件"—"国标件库",如图 3-14 所示。打开后得到螺栓的一系列类型及系列参数组,如图 3-15 所示。最后,双击图 3-15 中螺栓图标,生成如图 3-16 的螺栓三维模型。

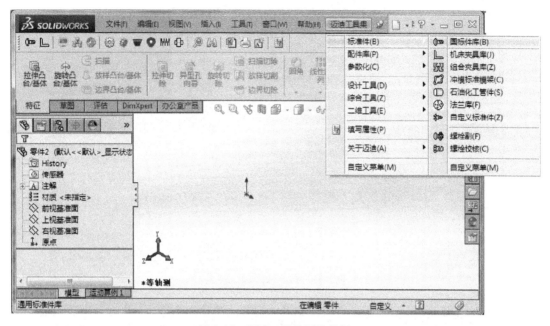

图3-14　迈迪工具集下拉选框

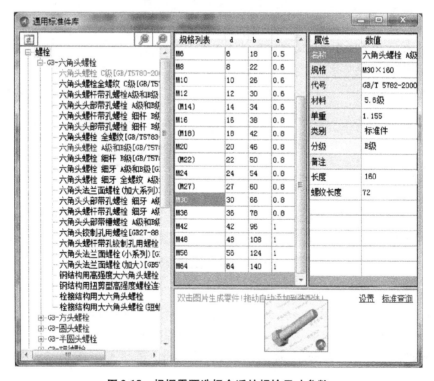

图3-15　根据需要选择合适的螺栓尺寸参数

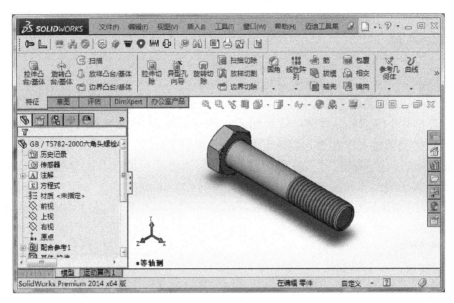

图 3-16 生成螺栓三维模型

3.3 SolidWorks 装配

3.3.1 概述

装配体是由许多零部件组装而成的。这些零部件可以是零件、组件或其他装配体,称为子装配体。添加零部件到装配体,在装配体和零部件之间生成连接。当 SolidWorks 打开装配体时,将查找零部件文件以在装配体中显示。对零部件的更改将自动反映在装配体中。

装配体文件的扩展名为"*.sldasm"。欲从零件生成装配体,可在标准工具栏中单击"从零件/装配体制作装配体",或者单击"文件"—"从零件制作装配体"。装配体会与插入零部件 PropertyManager 同时打开。在图形区域中单击零件可以将零件添加到装配体。Solid-Works 将使第一个插入装配体的零部件固定。

3.3.2 装配体设计方案

在 SolidWorks 装配体中有自底向上(BOTTOM-UP)的装配体建模、自顶向下(TOP-DOWN)的装配体建模、布局设计、智能零部件设计 4 种设计方案。以下主要介绍自底向上的装配体建模。

自底向上的装配建模通过加入已有零件并调整其方向来创建。零件在装配体中可以以零部件的形式加入,在零部件之间创建配合,调整其在装配体中的方向和位置。自底向上的装配建模主要包括:

(1)配合关系

即零部件的表面或边与基准面、其他的表面或边的约束关系。

(2)自由度

空间中未受约束的刚性实体具有 6 个自由度,即 3 个平移自由度和 3 个旋转自由度,表

明刚体可沿其 X,Y,Z 轴移动并绕 X,Y,Z 轴旋转。

（3）操作流程

① 创建一个新的装配体。创建装配体的方法和创建零件的方法相同。

② 添加第一个零部件。可以采用几种方法向装配体中添加零部件，可从打开的零件窗口中或从 Windows 资源管理器中拖放到装配体文件中。

③ 放置第一个零部件。在装配体中加入第一个零部件时，该零部件会自动地被设为固定状态，其他的零部件可以在加入后再定位。

④ 装配体的设计树及符号。在装配体中，装配体的设计树包含大量的符号、前缀和后缀，它们提供关于装配体和其中零部件的信息。

⑤ 零部件间的配合关系。用配合来使零部件相对于其他部件定位，配合关系限制了零部件的自由度。

⑥ 子装配体。在当前的装配体中既可以新建一个装配体，也可以插入一个装配体。系统把子装配体当作一个零部件来处理。

3.3.3 装配过程

以 12 缸船用柴油机为例介绍自底向上的装配建模方法。装配如图 3-1 所示的 12 缸船用柴油机简易模型。

（1）创建装配体。打开 SolidWorks 并新建一个装配体文件。

（2）插入第一个零部件。在装配体设计树"开始装配体"属性框中单击"浏览"，在弹出的"开始装配体"对话框中选择文件夹中的"下箱体"零件，勾选"图形预览"，单击按钮 以放置零部件，如图 3-17 所示。

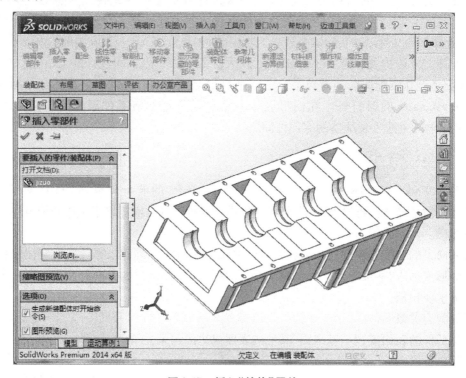

图 3-17 插入"箱体"零件

（3）插入"曲轴"零件。单击菜单栏的"插入"—"零部件"—"现有零件/装配体"，或者直接单击常用特征工具栏中的"装配体"—"插入零部件"。在左边"插入零部件"属性框中单击"浏览"，在弹出的"插入零部件"对话框中选择"曲轴"零件，单击"打开"将其插入装配体中，此时在图形界面任意一处单击可将"曲轴"零件放置到装配体中，如图 3-18 所示。

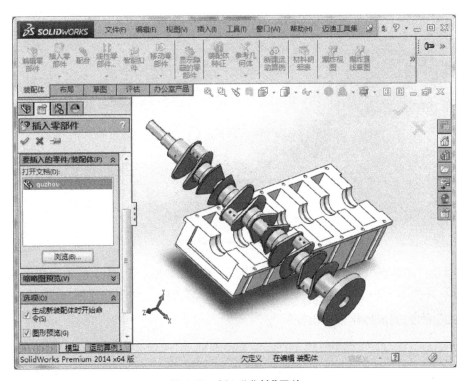

图 3-18　插入"曲轴"零件

（4）装配零部件。第二个插入装配体中的零部件将不会被添加"固定"约束，它具有 6 个自由度，可通过鼠标轻松地控制其移动和旋转。

① 左键：选择模型的一个面单击，按住并移动鼠标，便可拖动零部件。

② 右键：选择模型的一个面右击，按住并移动鼠标，便可旋转零部件。

③ 中键：按住鼠标中键并移动鼠标，便可旋转整个装配体。

在装配零部件之前需要了解整个装配体中各零部件之间的关系，然后再进行装配。在装配时，需要将零部件放置到合适的位置再进行装配，这样便于后期添加配合。

（5）添加"重合"配合。单击菜单栏中的"插入"—"配合"，或者直接单击常用特征工具栏中的"装配体"—"配合"，在左边属性框中选择"配合"选项组，分别选择"下箱体"和"曲轴"零件的一个面，此时软件会默认为"重合"配合，如图 3-19 所示。如果需要添加平行或其他的配合，则直接在属性框中选择即可。完成操作后单击按钮 。

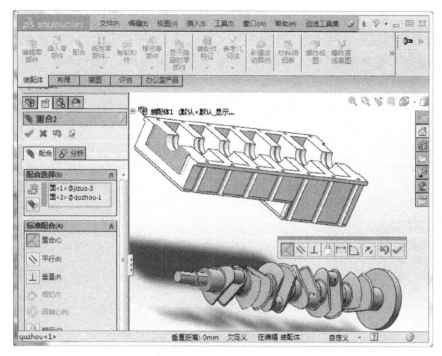

图 3-19　添加"重合"配合

（6）添加"同轴心"配合。在没有退出"配合"命令的情况下，继续在属性框中选择"配合"选项组，并按图 3-20 所示选择"下箱体"和"曲轴"零件的一个圆柱孔面，此时软件会默认为"同轴心"配合，完成操作后单击按钮 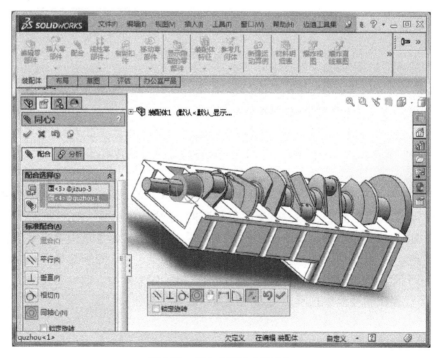 。

图 3-20　添加"同轴心"配合

（7）插入"活塞杆"部件。单击常用特征工具栏中的"装配体"—"插入零部件"，在左边"插入零部件"属性框中单击"浏览"，在弹出的对话框中选择"活塞杆"零部件，单击"打开"将其插入装配体中，此时在图形界面任意一处单击即可将"活塞杆"部件放置到装配体中，如图3-21所示。

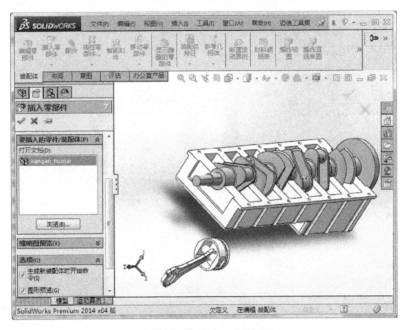

图 3-21　插入"活塞杆"组件

（8）添加"同轴心"配合。继续在属性框中选择"配合"选项组，并在设计树中选择"曲轴"和"连杆"零件相配合的圆柱孔面，此时软件会默认为"同轴心"配合，完成操作后单击按钮 ，如图3-22所示。

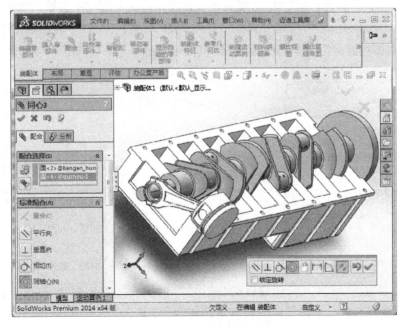

图 3-22　添加"同轴心"配合

（9）添加"距离"配合。继续在属性框中选择"配合"选项组，单击按钮 ⊢⊣ ，并在相应的文本框中输入距离，选择"曲轴"零件上的侧面和"活塞杆"的侧面，则活塞杆自动被移动到与曲轴上被选定面具有一定距离的平面上，如图3-23所示。

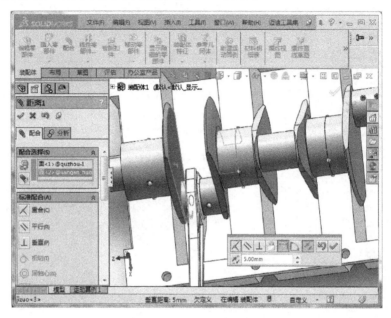

图3-23　添加"距离"配合

（10）复制子装配体"活塞杆"。在装配体设计树中找到子装配体"活塞杆"，按住"Ctrl"键并拖动该子装配体到模型界面，复制一个子装配体。然后，重复步骤(9)，将所有"活塞杆"添加到位。

（11）将"刚性"变为"柔性"。被插入装配体中的子装配体"活塞杆"存在自由度，但使用"移动零部件"无法移动该子装配体，这是由于子装配体插入装配体中被默认为刚性体。在设计树中右击该子装配体，选择"零部件属性"，在弹出的"配置特定属性"对话框中选择"柔性"，可将刚性体（其图标显示为 🔲 ）变为柔性体（其图标显示为 🔲 ），如图3-24和图3-25所示。

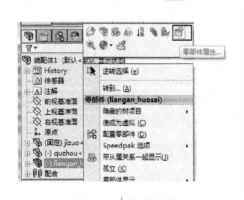

图3-24　零部件属性

图3-25　将"刚性"变为"柔性"

（12）插入"缸体"零件。将柴油机的"缸体"零件插入装配体中，并按照上述步骤添加"重合"与"同轴心"命令，添加气缸底面和下箱体顶面"重合"约束，再添加气缸孔内圆柱面与活塞外圆柱面"同轴心"约束。保存并关闭装配体文件，即完成图3-1所示装配模型。

想一想

　　自顶向下的装配体建模利用自顶向下的方法设计装配体,设计人员可以从空的装配体开始,也可从已完成并插入装配体中的零件开始设计。前述柴油机装配建模方式采用自底向上的建模方法,即在零件文件中建立零件模型,再将零件插入装配体环境进行装配,每一个零件的建模都是在零件环境下建立的。

　　自顶向下设计技术是一种体现了全局性的设计思路。在自顶向下的设计环境中,用户可以参考装配体中零部件之间的相对关系,在装配体环境中直接建立零件的特征,当参考零件修改时,所建立的零件或者特征也发生相应的变化。自顶向下设计中包含关联设计、外部参考引用等设计思路。读者可用自顶向下的设计思路对上述船用柴油机进行装配建模,与常用的自底向上装配建模方法相比较,思考两者的优缺点。

3.4　SolidWorks 运动仿真

3.4.1　概述

　　在 SolidWorks 中,若 3D 模型具有机构运动,可利用 MotionManager 生动地向别人介绍设计思路、运动关系等。SolidWorks 的 MotionManager 甚至可提供运动结果的输出,如速度、加速度、运动轨迹、力等。结合 PhotoView360 渲染工具可制作出更炫的动画过程,满足宣传和推广的需求。这里主要介绍动画、基本运动等,详细学习可以参照 SolidWorks 专业教程。

3.4.2　仿真对象分析

　　SolidWorks 支持 3 种运算类型:动画、基本运动和 Motion 分析。

　　1. 动画

　　包括通过关键帧之间的插值来模拟动画和使用马达驱动装配体来生成动画两种方式。

　　2. 基本运动

　　在装配体上模仿马达、弹簧、引力等,并考虑质量,模拟更加真实的演示性动画。

　　3. Motion 分析

　　在装配体上精确模拟和分析运动单元的效果(包括力、弹簧、阻尼及摩擦),并在计算中考虑材料属性、质量及惯性,还可以生成运动、动力图表、轨迹等分析结果。

3.4.3　仿真典型步骤

　　以上述 12 缸船用柴油机简易模型为例来制作仿真动画。柴油机的运动是活塞移动带动曲轴转动,这里以柴油机运动的逆运动(即曲轴转动带动活塞移动)来进行运动仿真。

　　打开柴油机装配体,新建运动算例,添加动力,如图 3-26 和图 3-27 所示。加载 Motion,选择 Motion 分析,如图 3-28 所示。设置运动时间,单击"计算"(如图 3-29 所示),系统开始分析计算。

　　待系统计算完毕后(如图 3-30 所示),单击"结果和图解"按钮,选择要计算的内容(对象的位移、速度、加速度、力、力矩等),单击"确定",系统会自动生成曲线。图 3-31 所示为某一个活塞在 Y 方向的位移随时间变化的曲线。

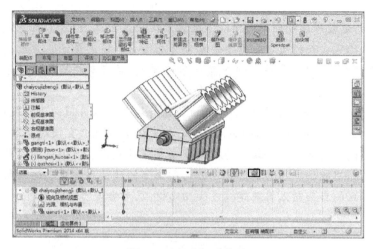

图 3-26　新建运动算例

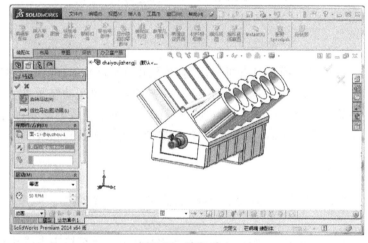

图 3-27　添加动力

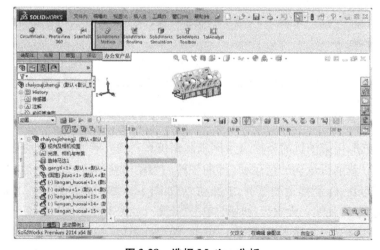

图 3-28　选择 Motion 分析

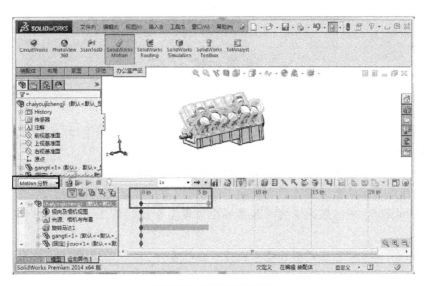

图 3-29　系统开始计算

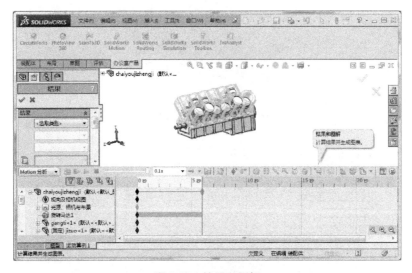

图 3-30　结果和图解

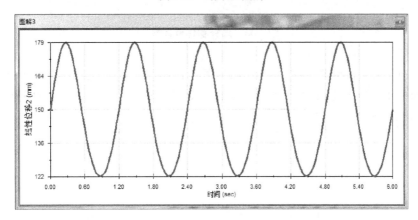

图 3-31　某活塞在 Y 方向的位移随时间变化的曲线

思考与练习

1. SolidWorks 是什么样的软件？它有什么特点，有哪几种建模方法？

2. 简述何为自底向上与自顶向下的装配体建模方案？

3. 以普通一级减速器为例，进行手工测绘，并在 SolidWorks 中完成零件绘制与模型装配。

4. 对上题中的减速器模型进行 Motion 分析，并观察结果。

5. 在 SolidWorks 中将题 3 中的减速器装配体模型生成二维工程图，其中包括零件明细表和标题栏。

6. 用 SolidWorks 软件在建模环境下新建一连杆零件，如图 3-32 所示。使用的零件设计表如图 3-33 所示。

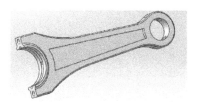

图 3-32　连杆零件模型

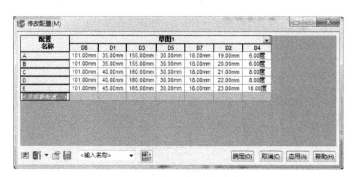

图 3-33　连杆零件设计表

7. 自顶向下的装配体设计中，零部件之间可以传递设计关联，达到关联自动更新。在装配体中以"新零件"的方式，增添一个新的零件。如图 3-34 和图 3-35 所示，对装配体轮廓圆转换实体引用，生成实体零件。

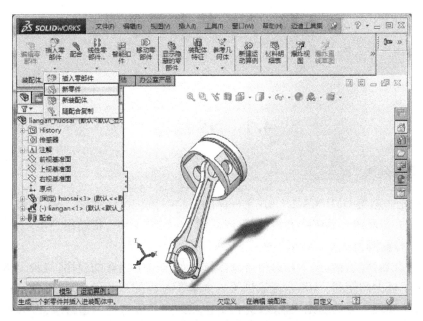

图 3-34　自顶向下设计"新建"零件

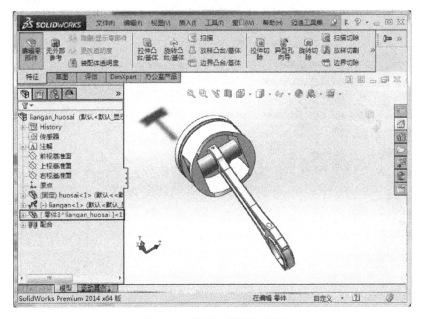

图 3-35　装配完成零件实例

第4章 NX机电概念设计

4.1 NX概述

4.1.1 背景与发展

UG NX是一款集CAD/CAM/CAE于一体的三维参数化设计软件。NX软件为用户提供了一套集成的、全面的产品解决方案，用于产品设计、分析、制造，帮助用户实现产品创新，缩短产品上市时间，降低成本，提高质量。

NX软件在航空、机械、汽车和医疗等众多领域都得到了很好的应用，给设计人员在产品表达上带来了极大的便利。NX系统提供了一个基于过程的产品设计环境，使产品开发从设计到加工真正实现了数据的无缝集成，优化了企业的产品设计与制造过程。NX面向过程驱动的技术是虚拟产品开发的关键技术，在面向过程驱动技术的环境中，用户的全部产品及精确的数据模型能够在产品开发全过程的各个环节保持相关，从而有效地实现了并行工程。如图4-1所示，UG NX10.0的工作界面由标题栏、菜单栏、工具栏、信息提示区、导航区和工作区等组成。

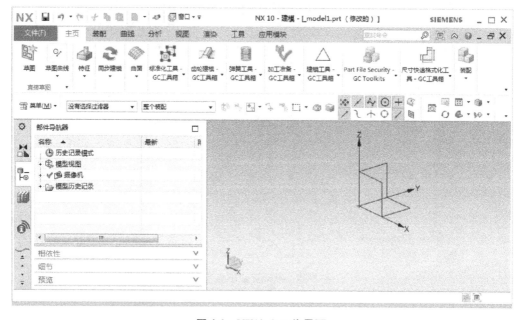

图4-1　NX10.0工作界面

4.1.2　功能与特点

NX 使企业能够通过新一代数字化产品开发系统实现向产品全生命周期管理转型的目标。NX 包含企业应用最广泛的集成应用套件,用于产品设计和制造。NX 拥有一套功能强大且灵活的工具包,具备自由形状建模,可用于工业设计及样式设计;具有丰富的分析功能,可进行表面连续性分析;拥有先进的表现方式,具有出色的颜色、材料、结构、照明和工作室效果。

1. 产品设计

NX 具有先进的设计方案,可将参数化建模及直接建模结合实施混合建模;可方便开展装配设计和管理;拥有用于钣金和路线系统的流程特定工具;方便进行三维尺寸标注和出工程图。

2. 数字化仿真验证

NX 拥有范围广泛的仿真工具组合,包括供设计人员使用的运动和结构分析向导,供仿真专家使用的前/后处理器及用于多物理场 CAE 的企业级解决方案。

3. 工装及模具

NX 可进行普通用途工装和夹具设计,同时拥有用于注模开发的知识驱动型注塑模设计向导、级进冲压模设计和模具工程向导。

4. 加工制造

NX 拥有行业领先的数控编程解决方案,可进行集成的刀具路径切削和机床运动仿真,可输出后处理程序和车间工艺文档,同时可进行制造资源管理。

5. 有序的开发环境

NX 产品开发解决方案完全支持制造商所需的各种工具,可用于管理过程并与扩展的企业共享产品信息。NX 与 Siemens PLM 的其他解决方案的完整套件无缝结合。基于 Teamcenter 与 NX 的集成软件平台,可以对 CAD,CAM 和 CAE 在可控环境下进行协同设计、产品数据管理、数据转换、数字化实体模型和可视化管理。

4.2　NX 机电一体化概念设计

4.2.1　机电一体化概念设计概述

机电一体化概念设计解决方案(Mechatronics Concept Designer, MCD)是一种全新解决方案,适用于机电一体化产品的概念设计。借助该软件模块,可对包含多物理场及通常存在于机电一体化产品中的自动化相关行为的概念进行三维建模和仿真。MCD 支持功能设计方法,可集成上游和下游工程领域,包括需求管理、机械设计、电气设计及软件/自动化工程。MCD 可加快涉及机械、电气和软件设计学科的产品的开发速度,使这些学科能够同时工作,专注于包括机械部件、传感器、驱动器和运动的概念设计。如图 4-2 所示,通过 NX 机电概念设计的外部接口,可以实现 NX 数据导出,与其他设计软件实现数据共享,由第三方软件辅助部分设计,再反馈到 NX 设计环境中,提高其设计效率。

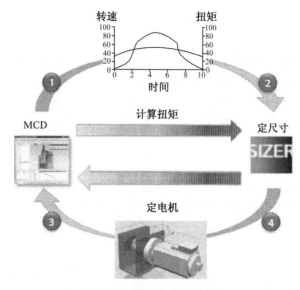

图4-2 协同开发设计流程

MCD可实现创新性的设计技术，不断提高机械的生产效率、缩短设计周期和降低成本。MCD具有以下突出特点：

1. MCD具有集成式系统工程方法

MCD为机械设计提供了方法支持。MCD可使机械、电气及软件/自动化学科并行工作。此方法可确保从产品开发的最初阶段就获得机电一体化产品的行为和逻辑特性需求，并获得支持。通过这种功能机械设计方法，MCD可在早期阶段促进跨学科概念设计。

所有工程学科可以并行协同设计一个项目，例如：机械工程师可以根据三维形状和运动学创建设计；电气工程师可以选择并定位传感器和驱动器；自动化编程人员可以设计机械的基本逻辑行为及基于时间的行为，定义基于事件的控制等。

2. MCD提供易于使用的建模和仿真

借助早期验证可进行检测并纠正错误，此时解决错误成本最低。MCD可从集成的Teamcenter平台直接载入功能模型，以加快机械概念设计速度。模型中的每个部件，可通过直接引用需求和使用交互式仿真来验证正确操作，迅速指定运动副、刚体、运动、碰撞行为及运动学和动力学的其他方面，还可以基于MCD驱动器定义物理场——位置、方向、目标和速度。MCD包括多种工具，用于指定时间、位置和操作顺序。MCD中的仿真技术基于物理场引擎，可基于简化数学模型将实际物理行为引入虚拟环境。该仿真技术易于使用，借助优化的现实环境建模，可迅速定义机械概念和所需的机械行为。MCD可对一系列行为进行仿真，包括验证机械概念所需的一切，涉及运动学、动力学、碰撞、驱动器弹簧、凸轮、物料流等方面。

3. 智能对象

通过模块化和重用，MCD可帮助用户最大限度地提高设计效率。借助该解决方案，可获取智能对象中的机电一体化知识，并将这些知识存储在库中，供以后重用。在重用过程中，能够基于已经验证的概念进行设计，提高质量和效率，并且可通过消除重新设计和返工加快开发速度。借助MCD可在一个模型文件中获取所有学科的所有机电一体化数据，包括三维几何体和图形、运动学和动力学等方面的物理数据、传感器和驱动器及其接口等。这些智能对象可以通过简单的拖放操作从重用库拉出应用于新设计中。

4. 面向其他工具的开放式接口

MCD 的输出结果可直接应用于多个学科的具体工作:对于机械设计,由于 MCD 基于 NX 平台,因此可提供高级 CAD 设计需要的所有机械设计功能。MCD 还可将模型数据导出到很多其他 CAD 工具,包括 Catia 等,以及独立于 CAD 的 JT 格式;对于电气设计,借助 MCD,可开发传感器和驱动器列表参数,并以 HTML 或 Excel 电子表格格式输出,电气工程师可以基于此列表选择传感器和驱动器;对于自动化设计,MCD 可支持更高效的软件开发。

4.2.2　概念设计对象分析

以船用柴油机为例,进行机电一体化概念设计。首先对船用柴油机进行功能结构的分析。用 NX 装配模块建立柴油机模型,满足必要的约束和自由度,再切换至机电导航器界面进行机电概念设计。在此环境下,用户可以为装配模型添加必要的仿真属性。机电一体化概念设计器(MCD)主要包含以下 4 个导航器:

① 系统导航器。系统导航器提供了从机电一体化概念设计器到 Teamcenter 的需求模型、功能模型和逻辑模型的链接。一般情况下,需求、功能、逻辑模型在 Teamcenter 中创建,并且建立相互间的关联。当在系统管理器中打开的时候,可通过这些关联关系,找到所需的逻辑、功能或者需求。

② 机电导航器。在 MCD 中创建的基本机电对象、运动约束、材料、耦合副、传感器、执行机构、运行时行为、信号都放在机电导航器中。

③ 运行时表达式导航器。运行时表达式导航器用于管理由"运行时表达式"创建生成的表达式。

④ 仿真序列编辑导航器。仿真序列编辑导航器显示机械系统中创建的所有"仿真序列",用于管理"仿真序列"在何时或者什么条件下开始执行,用来控制执行机构或者其他对象在不同时刻的状态。

4.2.3　概念设计典型步骤

下面以船用柴油机的概念设计为例来说明基于 UG NX 平台中 MCD 的机电一体化产品概念设计的可操作性,并体现出基于 MCD 机电一体化产品概念设计与传统概念设计相比的优越性。MCD 具有强大的软件交互使用性,可与其他电气设计类软件、机电系统选型软件等配合使用,完成一个项目概念设计的全过程。现就以船用柴油机选择电动机为例演示其生成过程(真实的船用柴油机启动方式多以高压空气启动,这里以电动机为例)。

1. 选择船用柴油机装配模型

单击"文件"—"打开",找到柴油机的装配模型。单击图标 ,进入机电导航器模块。

2. 增添模型物理属性

如图 4-3 所示,给柴油机下箱体添加刚体属性,使其具有质量、惯性、速度、质心位置和方向。刚体可接受外力与扭矩以保证几何对象仿真运动。任何几何对象只有添加了刚体组件,才能受到重力或者其他作用力的影响。

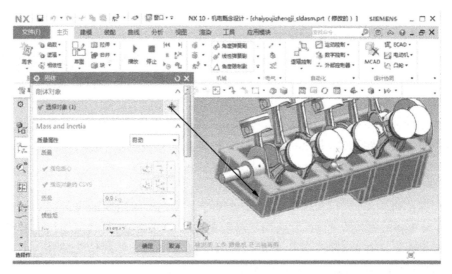

图 4-3　添加刚体属性

如图 4-4 所示,给曲轴旋转处添加铰链副,使组成运动副的两个构件只能绕某一轴线做相对转动、铰链副具有一个旋转自由度。

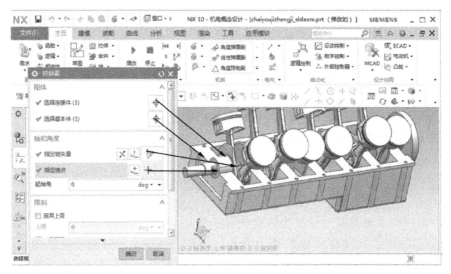

图 4-4　添加运动副

在机电导航器模块下,可以从设计树中很直观地看出增加的各种物理特征(如刚体、碰撞体、各种运动副、执行机构的控制),如图 4-5 所示。

3. 由 MCD 进行场景模拟仿真,导出马达负荷情况下的数据

① 定义速度、加速度。单击电气命令栏里的"速度控制",选择"轴运动副",用户可以根据需要添加合适的参数,如图 4-6 所示。

图 4-5　物理仿真特性

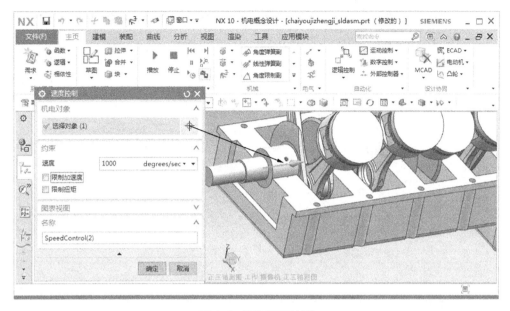

图 4-6　添加速度控制

② 通过图表视图观察位置、速度、加速度等是否符合要求。

③ 导出马达曲线。单击设计协同栏里的"电动机",选择"导出电动机轮廓"(如图 4-7 所示)。在弹出的方框内选择轴对象(选择速度控制或者位置控制)、控制类型(时间或运动序列)、启停时间等。单击开始仿真按钮 ，并选择图表显示(如图 4-8 所示)。在仿真结束后图表中会自动生成数据线条。选择文件类型,单击"确定"按钮后输出文件到指定位置(如图 4-9 所示)。

图 4-7　导出电动机轮廓

图 4-8　切换图表模式

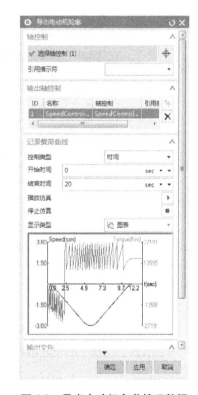

图 4-9　导出电动机负荷情况数据

1. 在 SIZER 中导入数据

① 打开 SIZER 软件,界面如图 4-10 所示,新建一个项目"Mechatronic project",在"Mechatronic data import file"中打开之前从 NX MCD 软件模块导出的电动机参数文件(其后缀为".mdix")。

图 4-10　SIZER 软件界面

② 选择马达类型,如图 4-11 所示。

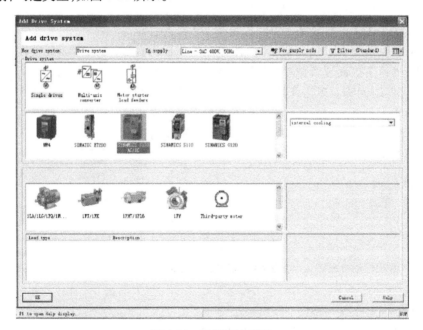

图 4-11　选择马达类型

③ 输出结果。点选好需要输出的文件,单击"Project"—"Export of mechatronic data",然后单击"save"保存。在生成结果"result"里面还可以单击生成马达二维工程图,如图 4-12所示。

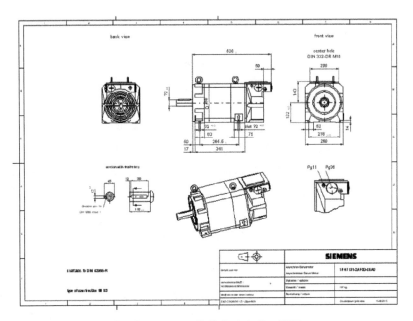

图 4-12　SIZER 软件自动生成二维图

图 4-13　导入电动机数据

5. 在 NX 中生成马达

① 打开已建好的柴油机装配模型,在设计协同命令栏里单击"电动机"—"导入选定的电动机",如图 4-13 所示。

② 单击图 4-13 中的生成电动机按钮 ，生成如图 4-14 所示的电动机模型。

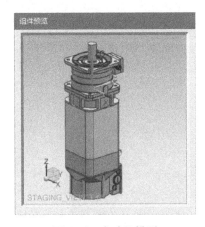

图 4-14　电动机模型

③ 单击"确定"后即可在装配界面显示出电动机组件,用户再通过添加装配约束就可将电动机放置到指定位置。

◎ 思考与练习 ◎

1. 简述 UG NX 软件的主要功能，以及各功能应用于哪些场合。

2. 与传统设计方法相比，基于 NX 机电概念设计（MCD）的方法有哪些突出的优势？

3. 从并行工程的角度出发，机电概念设计体现出了哪些并行、集成化的特点？

4. 试以 12 缸船用柴油机为例，用 NX 建立零件模型、装配成体，并为装配模型添加物理属性进行运动仿真。

5. 用 MCD 对自行设计的减速器进行场景模拟仿真，导出马达负荷情况数据，将数据导入 SIZER 软件中选择最佳马达，将选择结果导入 NX 概念设计模块，并生成三维模型添加到装配体中。

6. 在 NX 软件中自行设计一个简易的一级减速器，并在机电概念设计环境下为装配体各部分定义物理属性，包括刚体、运动副、执行机构等。由 MCD 进行场景模拟仿真，导出马达负荷情况数据，将马达负荷情况数据导入 SIZER，在 SIZER 中根据马达负荷数据选择最佳马达，并将选择结果导出，将选择结果导入 MCD，并生成三维模型装配到装配体中。

第 5 章 ANSYS 仿真与分析

5.1 ANSYS 概述

5.1.1 有限元方法概述

有限元方法是解决工程和数学、物理问题的数值方法,也称为有限单元法,是矩阵方法在结构力学和弹性力学等领域中的应用和发展。由于它的通用性和有效性,有限元方法在工程分析中得到了广泛的应用,已成为计算机辅助设计和计算机辅助制造的重要组成部分。20 世纪中后期,有限元方法出现后,由于当时理论尚处于初级阶段,而且计算机的硬件及软件也无法满足要求,因此无法在工程中得到普遍的应用。从 20 世纪 70 年代开始,一些公司开发出了普通的有限元应用程序,它们以强大的功能、简便的操作方法、可靠的计算结果和较高的效率逐渐成为结构工程中强有力的分析工具。

5.1.2 有限元方法特点

有限元方法的基本思想是将求解区域离散为一组有限个且按一定方式相互联系的单元组合体。由于各单元能按不同的方式进行组合,且单元本身又可以有不同形状,因此可以模拟几何形状复杂的求解域。有限元方法作为数值分析方法的一个重要特点,利用在每一个单元内假设近似函数来分片地表达求解域上的未知场函数。单元内的近似函数通常由未知场函数或导数在单元的各个节点的数值和其差值来表示。在利用有限元方法分析问题时,未知场函数或其导数在各个节点的数值就成为新的未知量(即自由度),从而使一个连续的无限自由度问题成为离散的有限自由度问题。求解出这些未知量,就可以通过插值计算出各个单元内场函数的近似值,从而得到整个求解区域上的近似解。随着单元数目的增加(单元尺寸减小)或随着单元自由度的增加及插值函数精度的提高,解的近似程度不断提高,只要各单元满足收敛要求,近似解最后将会收敛于精确解。

有限元法的特点可概括如下:

① 对复杂结构的适应性。在不同维度内单元表示可以有不同的形状,同时各个单元采用不同的连接方式,工程实际中遇到的复杂结构可以离散为由单元组合体表示的有限元模型。

② 对于各种物理问题的适用性。由于用单元内近似函数分片地表示全求解域的未知场函数,并未限制场函数所满足的方程形式,也未限制各个单元所对应的方程必须有相同的形式,因此它适用于各种物理问题。

③ 基于严格理论上的可靠性。因为用于建立有限元方程的变分原理或加权余量在数学上

已证明是微分方程和边界条件的等效积分形式,所以只要原问题的数学模型是正确的,同时用来求解有限元方程的数值算法是稳定可靠的,随着单元数目的增加(即单元尺寸的缩小)或者单元自由度数的增加(即插值函数阶次的提高),有限元解的近似程度不断地提高。

④ 适合计算机实现的高效性。由于有限元分析的各个步骤可以表达成规范化的矩阵形式,求解方程可以统一为标准的矩阵代数问题,特别适合计算机的编程和执行。

5.1.3 ANSYS 的功能与特点

ANSYS 软件是美国 ANSYS 公司研制的大型通用有限元分析(FEA)软件,能够进行包括结构、热、声、流体及电磁场等学科的研究,在核工业、铁道、石油化工、航空航天、机械制造、能源、汽车交通、国防军工、电子、土木工程、造船、生物医药、轻工、地矿、水利、家电等领域有着广泛的应用。ANSYS 功能强大,操作简单方便,现在已成为国际最流行的有限元分析软件,在历年 FEA 评比中都名列第一。目前,中国大多数科研院校采用 ANSYS 软件进行有限元分析或者将其作为标准教学软件。目前 ANSYS 主要有以下几个方面的功能:

(1) 结构分析

静力分析:用于静态载荷分析。可以考虑结构的线性及非线性行为。

模态分析:计算线性结构的自振频率及振形,谱分析是模态分析的扩展,用于计算由随机振动引起的结构应力和应变(也叫作响应频谱或 PSD)。

谐响应分析:确定线性结构对随时间按正弦曲线变化的载荷的响应。

瞬间动力学分析:确定结构对随时间任意变化的载荷的响应。

特征屈曲分析:用于计算线性屈曲载荷并确定屈曲模态形状(结合瞬态动力学分析可以实现非线性屈曲分析)。

(2) ANSYS 热分析

热分析包括有相变、内热源、热传导、热对流、热辐射等。

(3) ANSYS 电磁分析

静磁场分析:分析直流电(DC)或永磁体产生的磁场。

交变磁场分析:分析由于交流电(AC)产生的磁场。

瞬态磁场分析:分析随时间随机变化的电流或外界引起的磁场。

电场分析:用于分析电阻或电容系统的电场。

高频电磁场分析:用于分析微波及 RE 无源组件,波导、雷达系统、同轴连接器等的磁场。

(4) ANSYS 流体分析

流体分析主要用于确定流体的流动及热行为。流体分析包括以下类型:

CFD(Coupling Fluid Dynamic,耦合流体动力):ANSYS/FLOTRAN 提供强大的计算流体动力学分析功能,包括不可压缩或可压缩流体、层流及湍流及多组分流等。

声学分析:考虑流体介质与周围固体的相互作用,进行声波传递或水下结构的动力学分析等。

容器内流体分析:考虑容器内的非流动流体的影响。可以确定由于晃动引起的静力压力。

流体动力学耦合分析:在考虑流体约束质量的动力响应基础上,在结构动力学分析中使用流体耦合单元。

5.2　ANSYS 仿真与分析

5.2.1　ANSYS 仿真对象分析

此处以船用柴油机连杆为例进行仿真分析，如图 5-1 所示。在柴油机工作时，连杆的主要作用是传递活塞与曲轴间的作用力，并将活塞的往复运动变为曲轴的旋转运动。连杆应保证足够的强度和刚度，在工作时承受活塞销传来的气体作用力及本身摆动和活塞组往复惯性力的作用，这些力的大小和方向都会发生周期性变化。因此，连杆必须有足够的疲劳强度和结构刚度。若疲劳

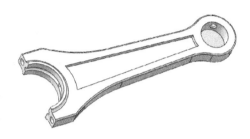

图 5-1　连杆模型

强度不足，往往会造成连杆体或连杆螺栓断裂，进而产生整机破坏的重大事故。若刚度不足，则会造成杆体弯曲变形及连杆大头失圆，导致活塞、汽缸、轴承和曲柄销等的偏磨。

连杆的主要损坏形式是疲劳断裂和过量变形。通常疲劳断裂的部位是在连杆上的三个高应力区域。连杆的工作环境要求连杆具有较高的强度和抗疲劳性能，以及足够的刚性和韧性。以下运用 ANSYS Workbench 15.0 静态力学分析模块的疲劳分析功能，计算连杆在外载荷下的寿命周期与安全系数。

5.2.2　ANSYS 仿真的典型步骤

1. 启动 Workbench 并建立分析项目

打开 Workbench 软件，在主界面中会默认显示"Toolbox"（工具箱）选项。在选项中展开"Analysis System"，在此列表内双击"Static Structural"（静态结构分析），即可新建一个分析项目 A，如图 5-2 所示。

2. 导入创建几何体

在 A3"Geometry"上右击，导入模型文件，如图 5-3 所示。然后在弹出的对话框中选择文件路径，导入"lianganti. x_t"文件（该文件是连杆文件模型保存的中间格式文件）。双击 A3"Geometry"进入 Design Modeler 界面，单击"Units"选

图 5-2　创建分析项目 A

择合适的单位长度，再单击"Generate"生成几何模型，如图 5-4 所示。

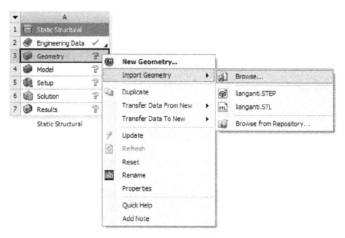

图5-3 项目A导入几何体

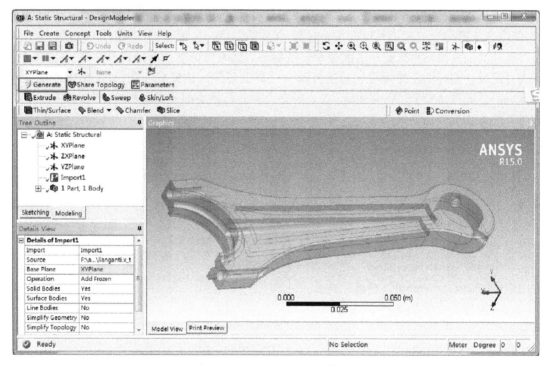

图5-4 项目A生成几何模型

3. 添加材料库

双击项目A中的A2"Engineering Data"选项，进入如图5-5所示的材料设置界面。在该界面下进行材料参数设置，在空白处右击点选"Engineering Data Sources"。根据实际工程材料的特性，在"Properties of Outline Row 3: Structural Steel"表中可以修改材料的特性，如图5-6所示，本例采用默认参数值。

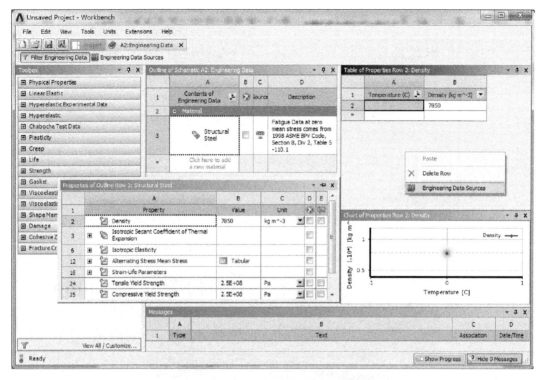

图 5-5　项目 A 材料参数设置界面

	A	B	C
1	Property	Value	Unit
2	Density	7850	kg m^-3
3	Isotropic Secant Coefficient of Thermal Expansion		
6	Isotropic Elasticity		
12	Alternating Stress Mean Stress	Tabular	
16	Strain-Life Parameters		
24	Tensile Yield Strength	2.5E+08	Pa
25	Compressive Yield Strength	2.5E+08	Pa
26	Tensile Ultimate Strength	4.6E+08	Pa
27	Compressive Ultimate Strength	0	Pa

图 5-6　项目 A 材料参数修改窗口

4. 划分网格

双击项目 A 中的 A4 "Model"进入"Mechanical"界面,选择界面左侧"Outline"(分析树)中的"Mesh"选项,在"Detail of 'Mesh'"(参数列表)中修改网格参数,如图 5-7 所示。本例在"Sizing"的"Relevance Center"中选择"Medium",其余采用默认设置。右击分析树中的"Mesh"选择"Generate Mesh"命令自动划分网格,如图 5-8 所示。最终网格生成效果如图 5-9所示。

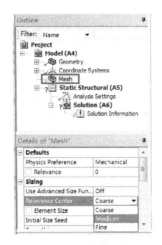

图5-7　网格参数表

图5-8　生成网格

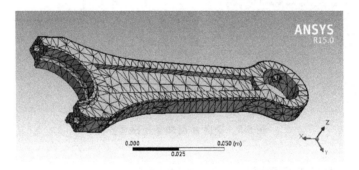

图5-9　网格生成效果

5. 施加载荷与约束

① 首先添加一个固定约束，如图5-10所示，选择小孔内圆柱面。

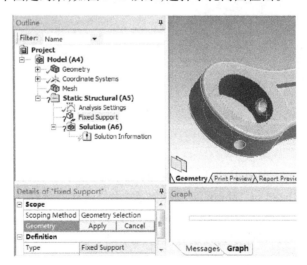

图5-10　添加固定约束

② 在另外一端内圆柱面上施加载荷"Force"，操作界面如图5-11所示。

③ 同步骤②，添加一个力矩载荷，具体操作过程如图5-12所示。

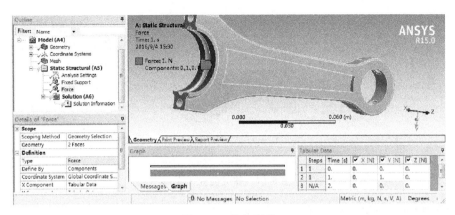

图 5-11　施加载荷

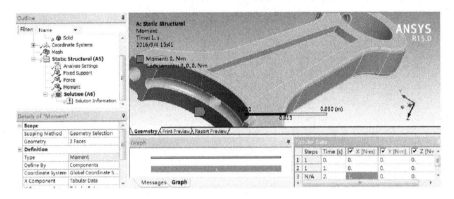

图 5-12　添加力矩载荷

④ 在"Outline"（分析树）中的"Static Structural"（A5）选项上右击，在弹出的菜单中选择"Solve"命令。

6. 结果后处理

① 右击"Outline"（分析树）中的"Solution（A6）"，选择"Insert"，点选"Stress"下的"Equivalent Stress"选项，此时会出现如图 5-13 所示的应力分析云图。

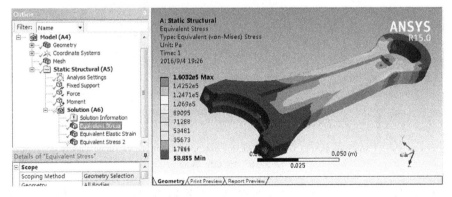

图 5-13　等效应力云图

② 选择"Outline"（分析树）中"Solution（A6）"下的"Equivalent Elastic Strain"选项，此时会出现如图 5-14 所示的应变分析云图。

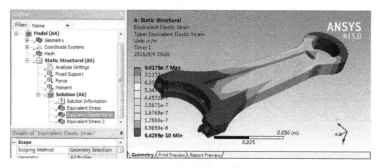

图 5-14　等效应变云图

7. 启动 nCode 程序

① 在 Workbench 主界面左侧"Toolbox"—"Analysis System"中将"nCode EN TimeSeries（DesignLife）"选项直接拖入项目"Solution"（A6）中,如图 5-15 所示。

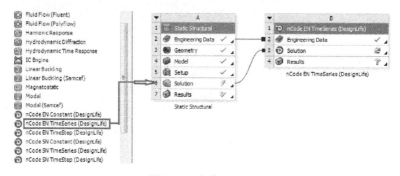

图 5-15　启动 nCode

② 右击"Result"（A7）,在弹出的窗口中选择"Update"命令,进行计算。然后双击"Solution"（B3）栏,进入 nCode 界面,如图 5-16 所示。

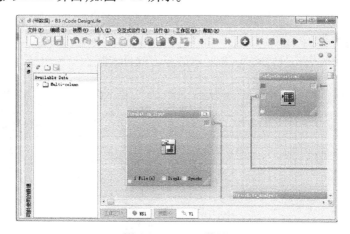

图 5-16　nCode 界面

③ 单击"文件"—"打开数据文件",在弹出的对话框中单击"Browse"按钮,选择载荷所在的文件夹,如图 5-17 所示。单击"OK",再单击"Scan Now"按钮,此时载荷文件显示在"Available tests"中,单击" > "按钮,使载荷文件移动到右侧栏中,单击"加入到文件列表",如图5-18 所示。

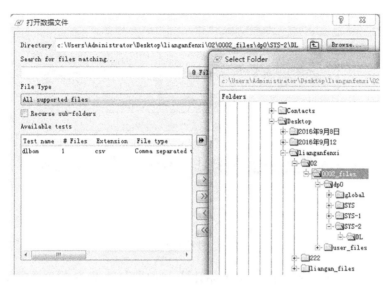

图 5-17　选择载荷文件夹

图 5-18　加入文件列表界面

④ 右击"StrainLife_Analysis"，在弹出的如图 5-19 所示的快捷菜单中选择"Edit Load Mapping"命令。此时加载的载荷时间分布如图 5-20 所示。

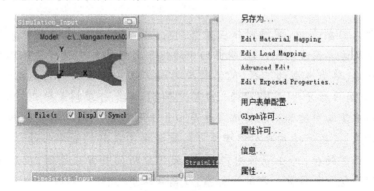

图 5-19　编辑显示选项

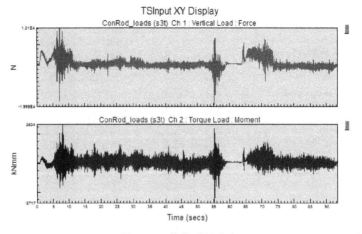

图 5-20　载荷时间分布

⑤ 单击工具栏中的计算按钮 ![计算按钮] ，开始计算。完成后的 nCode 界面中显示几何模型、载荷序列、结果云图、结果数据及它们之间的关系线，如图 5-21 所示。

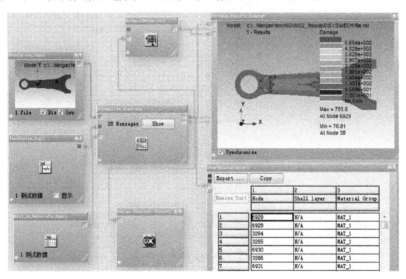

图 5-21　分析结果

> **提示**
>
> 　　对于有限元分析来说，网格划分在整个分析运算过程中起至关重要的作用，影响最终结果的精度及运算速度。ANSYS 网格划分的指导思想是首先进行总体模型规划，包括物理模型的构造、单元类型的选择、网格密度的确定等多方面的内容。在网格划分和初步求解时，宜先简单后复杂、先粗后精，2D 单元和 3D 单元合理搭配使用。为提高求解效率要充分利用重复与对称等形状特征。这是由于工程结构一般具有重复对称或轴对称、镜像对称等特点，采用子结构或对称模型可以有效提高求解的效率和精度。利用轴对称或子结构时需注意场合，如在进行模态分析、屈曲分析的整体求解时，应采用整体模型，同时选择合理的起点并设置合理的坐标系，以提高求解的精度和效率。例如，轴对称场合

多采用柱坐标系。

因此,有限元分析的精度和效率与网格单元划分的密度和几何形状有着密切的关系,网格单元的划分应符合相应的误差准则和网格疏密程度,避免网格畸形。在网格重划分过程中常采用曲率控制、单元尺寸与数量控制、穿透控制等控制准则。在选用单元时要注意剪力自锁、沙漏和网格扭曲、不可压缩材料的体积自锁等问题。

◎ 思考与练习 ◎

1. 使用 ANSYS 可以进行的分析类型有哪些？典型分析过程由哪三个部分组成？

2. ANSYS 软件提供的模型创建方法有哪些？

3. ANSYS 常用的两种网格划分方式是什么？有何区别？

4. 简述 ANSYS 软件分析的具体求解步骤。

5. 什么是模态分析？简述模态分析的步骤及在模态分析建模过程中应注意什么问题。

6. 本章实例是在 ANSYS Workbench 协同仿真环境下完成对连杆的疲劳分析。此外,ANSYS 软件还有经典模式 Mechanical APDL,如图 5-22 所示。用经典版本在进行有限元分析任务时,操作方式虽没有 Workbench 界面人性化,但操作流程可以让用户更加透彻地学习有限元方法,适合深入研究者使用。

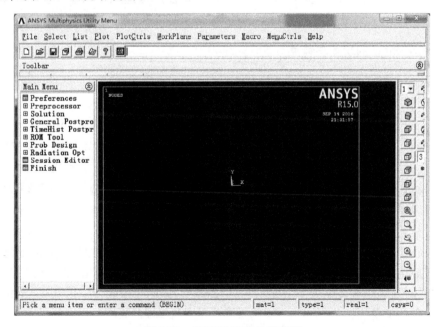

图 5-22　ANSYS 经典分析界面

以本章柴油机连杆为例,尝试在 Mechanical APDL 界面里完成连杆的建模及疲劳分析任务,对连杆进行疲劳强度校核及结构上的优化。

第6章 Teamcenter 产品数据管理

6.1 Teamcenter 概述

6.1.1 背景与发展

产品数据管理(Product Data Management，PDM)是在现代产品开发环境中成长并发展起来的一项以软件为基础的管理产品数据的技术。它将所有与产品相关的信息和过程管理起来，统一了产品的数据源，使其在产品的生命周期内保持一致，并贯穿于整个企业的多个部门。Teamcenter 是主流的 PDM 软件，可以方便地与 NX 建模、加工软件集成。

PDM 系统面向制造企业，以产品为管理核心，以数据、过程和资源为管理信息核心。它主要管理的是静态的产品结构(组织产品设计)和动态的产品设计流程(设计、评审、变更及发布)。PDM 在企业中起集成框架的作用，各类其他应用程序通过接口方式直接作为"对象"集成连接起来。Teamcenter 作为一款业内首先采用面向服务的体系架构(Service Oriented Architecture，SOA)开发的跨行业 PDM 解决方案，目前已广泛应用于汽车、船舶、飞机等制造业，并延伸至其他行业。它具有平台可扩展性、应用丰富性和可配置性。

6.1.2 Teamcenter 的功能与特点

Teamcenter 具有典型的 PDM 的功能，主要包括文档管理、组织管理、结构管理、工艺规划管理、工艺资源管理、流程管理、BMIDE 定制及二次开发等。

Teamcenter 在文档管理上支持各类数据类型，可以以数据集的形式将各类数据加载至 TC 中进行管理。产品数据管理上以零组件和零组件版本的形式支持不同版本的产品数据更新与维护，并采用属性表单的形式将产品信息无缝地集成至零组件业务对象中。

Teamcenter 在组织管理中支持人员、用户、群组、角色等多重模型抽象，可满足绝大多数企业复杂的组织管理与人员管理，结合复杂的权限管理，可完成多重权限设置，将合适的信息提供给合适的人员使用，避免数据泄露。

Teamcenter 在结构管理中，支持多视图的 BOM，可根据企业需求产生不同类型的 BOM，供不同人员使用，如常见的制造 BOM 和工程 BOM。它可支持复杂的 BOM 配置与管理，可基于版本规则、时间线和变量配置等方式，自动更新生成所需的 BOM 数据。生成的 BOM 可进行可视化比较与编辑。

Teamcenter 的流程管理功能可使用流程设计器定制复杂的流程，流程中可设置各类条件判断，并可结合权限规则进行特殊设置。其工作流在执行过程中，可以结合任务提示设定各类审批与发放业务流程，并支持流程追溯、变更与设置代理人任务。

Teamcenter 的工艺规划及工艺资源可与 NX 无缝集成,两者间的大部分数据可直接互相读取与调用。在深入的 CAD,CAPP,CAM 和 PDM 集成中,CAPP 的工艺信息可在 Teamcenter 中规划好后,在 NX 中进一步详细设计并生成 CAM 数控程序和进行数控仿真,生成的结果数据可自动回传至 TC 中,保证了数据来源的唯一性。

Teamcenter 的 BMIDE 定制功能,可依据企业的实际需求,方便地进行可视化定制。复杂的功能与界面开发可使用二次开发,进行编程开发定制。

Teamcenter 架构可进行二层布置或四层布置,具有较大的灵活性,支持 C/B/S 架构灵活组成,定制化手段多,但也造成无法使用一门语言完成所有工作的困局。Teamcenter 对象化数据库结构不对外开放,只能通过其提供的 API 访问。Teamcenter 的系统有时不稳定,客户端体验性能差,胖客户端对网络要求较高,而瘦客户端又不能完成全部功能。

6.2　Teamcenter 文档管理

6.2.1　文档管理原理

数据与文档的管理主要是实现分布式电子仓库、文档的版本管理、文档的统一分类编码、文档的属性搜索、文档的使用权限及安全保密、统一的产品数据主模型等。电子仓库是数据存储的核心,主要保证数据的安全性和完整性,并支持签入签出、增删、查询等操作,文档管理可以和工作流管理结合,通过审批流程形成正式文档发布,并添加附件,最终形成项目文档归档。版本管理是文档管理最重要的功能之一,记录文档从产生到归档整个过程中的每个阶段和重要改动,并保证任何时间在特定位置使用的是文档正确的版本。对文档的管理主要是对文档元数据的管理。它是创建者、文档类型、参考链接等文档属性数据,对文档的分类、编码搜索就是对这些元数据的相应操作。

描述产品的数据通常包括物料清单(BOM)、模型数据、相关资料、工具软件、工程更改等,如图 6-1 所示。

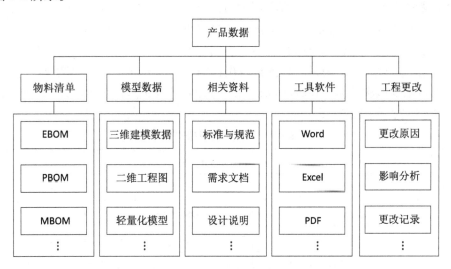

图 6-1　产品数据信息内容

物料清单记录每个零组件由哪些其余的零部件组成；模型数据包括三维建模数据、二维工程图数据和轻量化模型数据等；相关资料由文档和技术文件组成，记录零部件装配过程、制作方法、技术规格和设计方案等，包括图形和文本等多种形式；工程更改记录零部件设计及制造过程中各类更改，包括原因、分析及影响范围等，保证更改过程完整、可追溯；工具软件则包括各类相关的 Word，PDF 阅读器等软件。

Teamcenter 基于业务对象（Business Object）描述产品及构成产品的每个组成部分，并使用数据模型（Data Model）组织存储业务对象。零组件是 Teamcenter 中进行数据建模的基础业务对象，可用于描述产品的各类信息。Teamcenter 中的零组件业务对象基本结构包括零组件（Item）、零组件主属性表单（Item Master Form）、零组件版本（Item Revision）和零组件版本主属性表单（Item Revision Master Form），如图 6-2 所示。零组件收集零组件业务对象各个版本都使用的全局数据；零组件主属性表单用于扩展存储用户零组件业务对象属性数据；零组件版本收集零组件业务对象某个特定版本的数据；零组件版本主属性表单用于扩展存储用户零组件业务对象某一版本属性数据的表单。

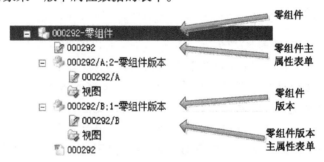

图 6-2　零组件业务对象 Teamcenter 主要构成

每个产品对象都有一些具体的数据文件来描述其各方面的详细信息，如三维模型、计算说明、需求分析等。这些数据文件是由不同的应用软件产生的，各自有不同的表现形式。Teamcenter 使用数据集（Dataset）来管理应用软件生产的数据对象，数据集可以与多种工具软件关联。一个数据集可以包含一个或多个文件对象（IMANFile），称为命名引用（Named Reference），它们存放在卷（Volume）中。命名引用（Named Reference）定义了数据集所管理的文件格式，包括文件形式、扩展名。数据集版次（Dataset Version）用于跟踪数据改动的情况，可用来查看以前的版次数据。Teamcenter 支持常见的主流数据集，如微软的 Office 系列、PDF 文档、NX 模型文档等，见表 6-1。

表 6-1　常见数据集格式表

图标	类型	文件格式	备注
	文本	. txt	文本文件
	微软 Word	. doc	微软 Word 文件
	微软 Excel	. xls	微软 Excel 文件
	轻量化模型 DirectModel	. jt	三维可视化轻量化模型
	三维模型 UGMASTER	. prt	NX 模型文件

描述一个产品通常需要多种信息,这些信息从不同方面描述产品。Teamcenter 使用关系(Relation)来描述产品,主要包括规格关系(Specification)、需求关系(Requirement)、表示关系(Manifestation)和引用关系(Reference)。规格关系用来满足需求的详细方法、设计、作业流程和过程,用于描述零组件版本。需求关系表示此零组件或零组件版本必须满足的准则。表示关系表示特殊时刻零组件或零组件版本特定方面的快照。例如,描述工艺信息的数控加工程序(NC)就是这类关系。只有在零组件版本未发生变动时,此数控加工程序才是准确的,因此是暂时的。引用关系描述工作区对象与零组件或零组件版本的一般关系,可称为一般的杂项关系类型。常见的引用关系可用来表示各类白皮书、报告、条款、注意事项等。数据集中的命名引用可看作引用关系的特例。

6.2.2　文档管理对象分析

本节涉及的 12 缸柴油机由缸体、连杆、活塞、缸盖、轴承和螺栓等零部件组成。每个零部件可能直接是一个零件,也可能是由其他零部件构成的。如缸体和缸盖各是一个形状较复杂的箱体,轴承是外购的成品轴承装配体,连杆是自制的分体式连杆。

产品的结构按照 Teamcenter 自带的零组件、零组件主属性表、零组件文档、零组件版本、零组件版本主属性表、零组件版本文档、零组件版本模型等进行组织。

6.2.3　Teamcenter 文档管理典型步骤

1. 登录"我的 Teamcenter"

使用有效账户登录 Teamcenter,如图 6-3 所示,此处以用户"designer"为例。登录 Teamcenter 后,进入"我的 Teamcenter"应用。在"Home"文件夹下显示本账户相关内容,如图 6-4 所示。

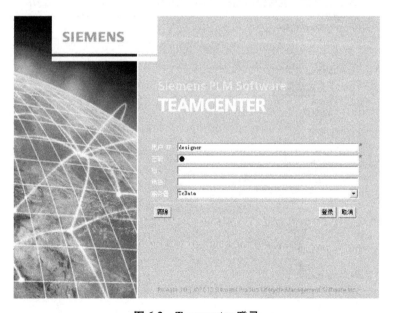

图 6-3　Teamcenter 登录

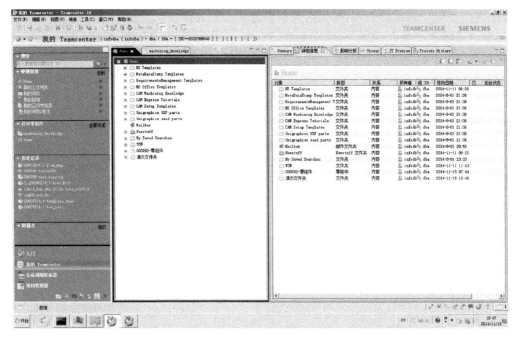

图 6-4 "我的 Teamcenter"

2. 新建零组件和零组件版本

单击"文件"—"新建"—"零组件…"，如图 6-5 所示，弹出"新建零组件"对话框。在"新建零组件"对话框中选择零组件，如图 6-6 所示。

图 6-5 新建零组件

图 6-6 选择零组件

在"新建零组件"对话框中输入属性值,主要设置 ID、版本及名称,如图 6-7 所示。其中 ID 和版本可由系统指派。新建的零组件在"我的 Teamcenter"中显示,如图 6-8所示。其余的子部件如轴承、曲轴、机架等,使用类似方法新建。

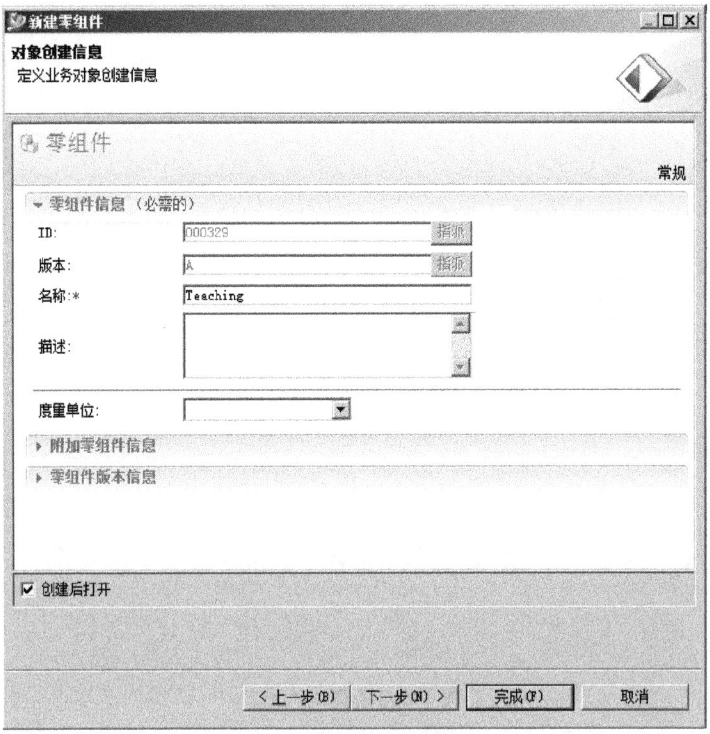

图 6-7　定义零组件属性信息

图 6-8　零组件创建效果

3. 新建文件夹

在零组件下，新建子文件夹，用于放置子部件，如图6-9和图6-10所示。

图6-9　新建文件夹

图6-10　新建子部件文件夹设置

4. 添加对应的文档和数据集

在零组件和零组件版本中添加对应的文档和数据集。这里以添加文档为例。首先,单击"文件"—"新建"—"数据集…",如图 6-11 所示。在弹出的"新建数据集"对话框中,选择"MsWord"类型,若左侧没有该类型,则选择"更多"数据集类型,如图 6-12 所示。

图 6-11　添加数据集

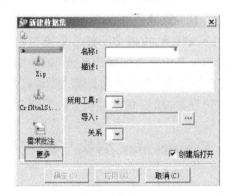

图 6-12　添加数据集选择"更多"数据集类型

在数据集列表中选择"MSWord",如图 6-13 所示,单击"确定"后,定义数据集属性信息,单击"确定"后完成数据集的创建,如图 6-14 所示。打开数据集 Word 文档,输入文字信息后保存。

图 6-13　新建零组件选择"MSWord"数据集

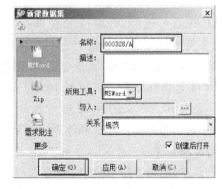

图 6-14　数据集属性信息的定义

在设置完数据集属性后,可以双击或编辑对应的数据集文档。Teamcenter 将自动打开文档对应的工具软件对文档进行编辑。编辑完成后自动保存 Teamcenter。

5．维护结构树

依次设置好每个子部件的文档和相关数据集后，可以查看已建立好的结构树，如图6-15所示。使用影响分析可查看各零组件和零组件版本之间相互使用和引用的情况，如图6-16所示。后续若需要继续添加或编辑该结构树，可进一步对其进行修改。

图 6-15　结构树示意　　　　　图 6-16　影响分析查看

需要注意的是，Teamcenter 中的文件夹、零组件结构树虽然形式上和操作系统的文件夹及文件类似，但在具体使用时是不一致的。如在 Teamcenter 结构树中对一个零组件进行剪切，并不是真的删除了该对象，只是在结构树中不能看见该对象而已，但对某个对象进行剪切将彻底删除该对象。Teamcenter 并没有类似操作系统"回收站"的机制。真实的船用柴油机包含的零部件数量相当多，类型复杂，部套和集配繁复，零组件一般均有企业自己的命名规则，本节仅从原理上说明基于 Teamcenter 的柴油机文档管理方法。

6.3　Teamcenter 结构与配置管理

6.3.1　结构与配置管理原理

产品的结构与配置管理以材料明细表（BOM）为组织核心，把定义最终产品的所有工程数据和文档联系起来，实现产品数据的组织、管理与控制，并依靠一定目标或规则，提供不同的产品视图和描述。产品结构与配置管理包括产品结构管理与产品配置管理两部分，其基本功能包括以下几个方面：产品材料明细表的创建与修改；产品材料明细表的版本控制与变量定义，以及可选件、替换件的管理；产品结构配置规则的定义；根据配置规则自动输出BOM，支持产品文档的查询、产品材料明细表的多视图管理、系列化产品结构视图管理；支持与制造资源计划（MRPII）或企业资源计划（ERP）的集成等。

BOM 是物料清单（Bill of Material），表达产品或部件由哪些部分组成。狭义的 BOM 仅包含产品的结构。广义的 BOM 在传统 BOM 的基础上不仅增加了工艺流程，更是加入了对设备、人工和资金信息的集成和体现。扩展的 BOM 实现的技术关键是如何将设备、人工和资金等信息体现出来。

产品结构描述了产品由哪些零部件组成及这些零部件之间的细分关系，可以分为完整产品结构和具体产品结构。完整产品结构包括一个产品所有可能的零部件（其中包括这些零部件的不同版本）；具体产品结构包括构成一个具体产品的所有零部件。产品从组成上包括基本单元的零件、部分连接但不具备独立用途的部件、部分连接且具有独立用途的整件、能独立完成规定功能的成套设备。

　　将产品按照组成进行分解,可以划分为产品结构树。如产品按照部件进行分解,部件再进一步分解成子部件和零件,子部件还可以继续分解,直到不能分解为止,如图 6-17 所示。这种上下分解的描述产品结构的方法就是组织与管理产品数据的有效形式。对于简单、具体的产品,产品结构管理的层次关系即可满足要求,可以有效直观地描述所有与产品相关的信息。

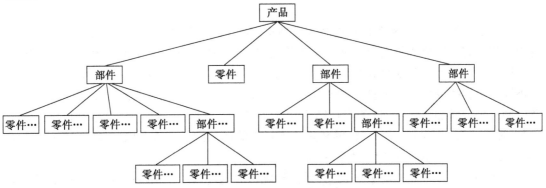

图 6-17　产品结构树模型

　　在产品的整个生命周期中,与产品相关的信息是多种多样的,各类文档包括设计说明书、设计规范、二维工程图、三维模型、工艺文件、资源文件、合同、使用说明书、保养手册等,在 Teamcenter 中这些文档与产品结构中具体适应零部件是对应关联的,可以采用文件夹的形式,将文件夹作为连接产品对象与特定文档的桥梁,通过合理建立设计、制造和更改过程等,对每一个过程建立一个专门的文件夹来管理该过程中涉及的文件。一个文件夹可包含多个文件,如图 6-18 所示。

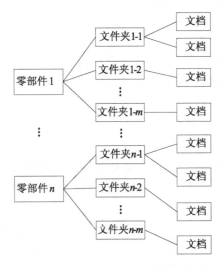

图 6-18　对象、文件夹、文档间的关系

产品的设计是一个连续动态的过程。某个产品在整个生命周期中，从设计开始，会不断地被修改、完善，直至产品废弃。产品每经过一次修改就会产生新的版本。因此一个文档将会有多个不同的版本。若不能很好地对电子资料版本进行管理，将造成数据的混乱。Teamcenter 使用电子仓库进行版本管理。当文件发生变动修改时，版本的特征属性（如版本号、版本的修改权限、版本描述、版本修改人和版本修改的时间等信息）将会写入该文件记录。

单一形式的 BOM 结构和简单的版本管理不能满足企业产品的信息管理需求。企业不同的部门要求有不同形式与内容的 BOM。为满足 BOM 结构的变型，必须将产品结构中的零部件按照一定的条件重新编排，得到该条件下特定的产品结构，这样的条件被称为配置条件。用不同的配置条件形成产品结构的不同配置，称为产品结构的配置管理。配置管理在结构管理的基础上增加了配置项（条件）、结构选项、互换件、替换件、供应商等，通过提供结构有效性、配置变量、版本有效性管理，能描述更为复杂的产品配置。也可以通过 BOM 多视图管理，利用 BOM 的提取与 MRPⅡ 和 ERP 集成。

Teamcenter 的产品配置管理通过产品结构配置规则进行产品结构配置，作为产品结构配置时选择零部件的准则，具体包括变量配置规则、版本配置规则和有效性配置规则。变量配置规则通过对结构表中的某些零部件增加属性，在特定的变量组合中配置特定属性的零部件；版本配置规则通过版本所处状态形成不同的配置，如工作状态、提交状态、发布状态和冻结状态等；有效性配置规则通过设置产品结构中的零部件各个版本的生效时间和有效时间，形成不同的配置情况。

Teamcenter 中产品结构管理与配置管理功能，均存在于结构管理器（Structure Engineering，SE）模块中，结构管理器中的产品结构树便是前述的 BOM。通过结构管理器可以实现所有的产品结构管理与配置管理功能，具体有：

① 在结构管理器中创建与编辑 BOM 结构；
② 通过变量配置条件，配置特定的产品结构；
③ 按照不同规则设定不同开发状态或不同有效时间下的产品结构；
④ 提供报表的输出与转换功能；
⑤ 通过 JT 快速浏览三维模型，定位组件和部件，比较 BOM 视图。

6.3.2 结构管理对象分析

前述文档管理从文档的组织和维护管理角度对 12 缸船用柴油机进行了管理。该结构树只是粗略地划分了结构形式。若需详细地描述装配结构关系，则需要使用 Teamcenter 的结构管理器进行维护与定制。

Teamcenter 产品结构与配置管理以电子仓库为底层支持，以材料明细表为组织核心，把定义最终产品的所有工程数据和文档联系起来，实现产品数据的组织、管理与控制，并在一定目标或规则约束下，向用户或应用程序提供产品结构的不同视图和描述，如设计视图、装配视图、制造视图和计划视图等。Teamcenter 中的结构管理器界面如图 6-19 所示。

图 6-19　结构管理器界面

产品结构配置主要包括版本配置和有效性配置和变量配置。产品结构配置通过建立相应的规则配置装配结构中各组件的显示与隐藏,以实现不同情况下产品结构的查看。

版本配置规则基于版本在产生过程中的不同状态,如工作状态、提交状态、发布状态、冻结状态等,按照版本所处的状态形成不同的配置。Teamcenter 版本规则的 8 种控制类型包括"工作中""状态""替代""日期""单元编号""精确""最新""顶层零组件"。"工作中"用于选择使用中的零组件版本(那些没有任何发布状态的版本);"状态"用于选择已经以某一特定状态发布的零组件版本,如任意发布状态、选定状态、发布日期、有效日期等;"替代"允许以特定的零组件版本替代那些将由其他准则选中的版本;"精确"用于选择在精确材料清单中精确制定的零组件版本,此规则对非精确材料条目没有影响;"最新"用于选择零组件版本,而不考虑其是否处于"已发布"状态,此时不区分工作版本和具有状态的版本;"日期"用于指定配置日期;"单元编号"用于指定当使用单元编号生效性配置具有状态的零组件版本时供匹配使用的单元编号;"顶层零组件"用于验证专门应用于该顶层零组件的规则所指定的单元编号。

有效性配置规则,在产品的零部件具有多个版本,各个版本的生效时间、有效时间不同的情况下,可生产不同的结构配置,具体包括事例有效性和版本有效性。

变量配置是指在某个产品形成系列产品时,在不同型号的产品中存在着许多具有相同用途、相同名称但不同规格、不同型号的零部件,这些零部件具有可选的属性变量值,以适应不同型号的产品。

6.3.3　Teamcenter 结构管理典型步骤

1. 打开结构管理器

选中"我的 Teamcenter"中的柴油机零组件,右击"发送到"—"结构管理器",如图 6-20所示,打开结构管理器界面。此时,BOM 表中可能缺少应有的 BOM 条目。在"我的 Teamcenter"中使用"复制"方法复制欲保存在 BOM 列表中的零组件版本,在结构管理器中,单击"编辑"—"选择性粘贴",如图 6-21 所示,添加零件。在"选择性粘贴"对话框中,可以进一步定制粘贴的各项内容,以精确定制。

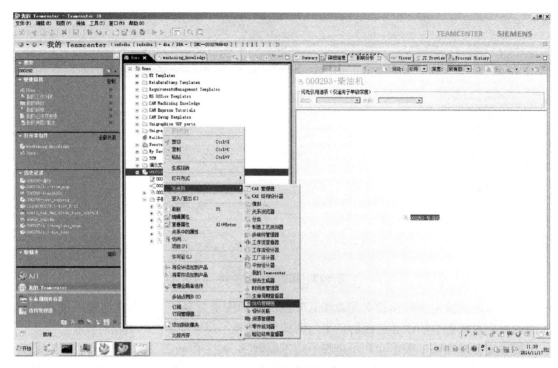

图 6-20　发送到结构管理器

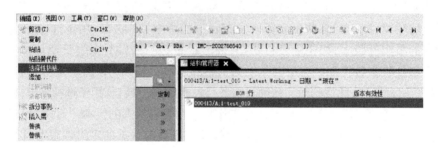

图 6-21　选择性粘贴

2. 添加各项 BOM 条目

如图 6-22 所示,添加零件并设置查找编号。

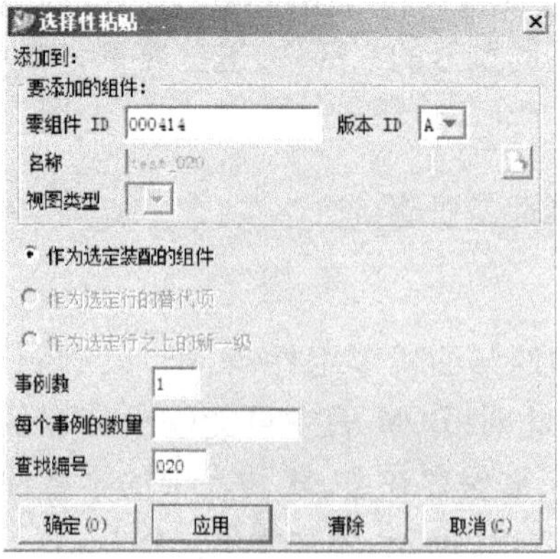

图 6-22　添加零件并设置查找编号

也可按照图 6-23 所示的方法,双击"按名称打开"对话框列表中查找到的零件,添加其余零件。添加完条目之后的 BOM 表格如图 6-24 所示。

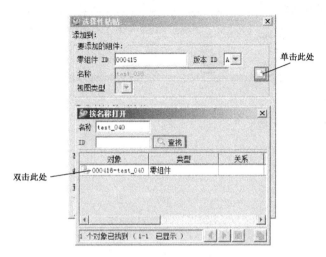

图 6-23　添加其余零件

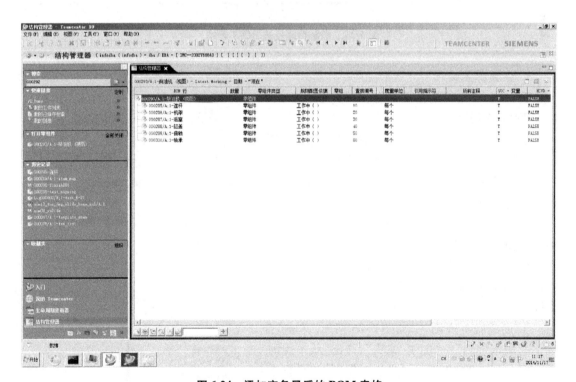

图 6-24　添加完条目后的 BOM 表格

默认的条目中不含数量,可按照默认的 12 缸配置,添加 BOM 表格中的数目属性,如图 6-25所示。

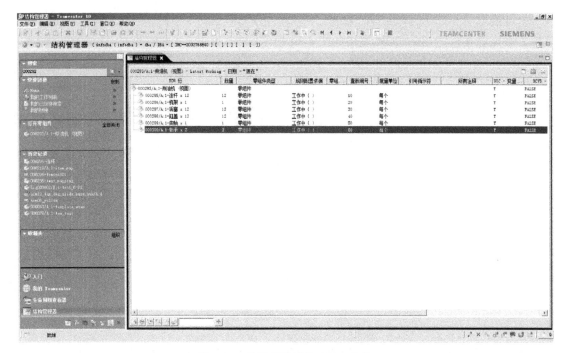

图 6-25　带数目属性的 BOM 表格

3. 设置配置规则

Teamcenter 中的配置规则有多种类型。本节以 5 个规则为例说明。

规则一：所属用户为 designer，所属组为班级名。

规则二：工作中，所属用户为特定用户。

规则三：按照发布日使用生产状态，否则按照发布日期使用预生产。

规则四：如果零件有"工作版本"，就使用它；否则，使用最新归档的状态。

规则五：如果有"工作版本"就用它，否则用"投产阶段"，否则用"预投产阶段"，否则用"样机阶段"。

① 创建版本规则一，如图 6-26 所示，单击"工具"—"版本规则"—"创建/编辑"，弹出"版本规则"对话框。在如图 6-27 所示的"版本规则"对话框中，单击"创建"按钮，在弹出的"新建版本规则"对话框中按如图 6-28 所示序号操作，完成版本规则的创建。

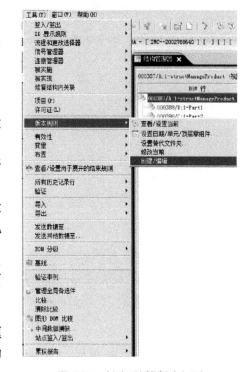

图 6-26　创建/编辑版本规则

图 6-27 "版本规则"对话框

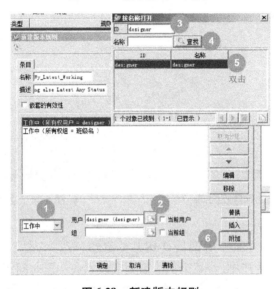

图 6-28 新建版本规则

② 同理新建版本规则二,单击"确定"按钮,回到"版本规则"对话框中,单击"应用规则",查看结果。创建如图 6-29 所示版本规则,创建完成后"单击应用规则"查看结果。

③ 如图 6-30 所示,创建版本规则三,创建完成后单击"应用规则"查看结果。

图 6-29 新建所有权用户为当前版本规则

图 6-30 以"配置类型"为"发放日期"添加版本规则

④ 创建如图 6-31 所示版本规则四,如果零件有"工作版本",就使用它;否则使用最新归档的状态。

⑤ 创建如图 6-32 所示版本规则五,如果有"工作版本"就用它,否则用"投产阶段",否则用"预投产阶段",并设置日期为 2014 年 11 月 12 日。

图 6-31　版本有效性配置规则四

图 6-32　版本配置规则五

4. 设置事例有效性

事例有效性可以配置在某个时间段使用某些零组件版本,或不适用某些零组件版本。如本例的 12 缸柴油机在生产中,若某个供应商因突发水灾一段时间无法供应轴承,柴油机生产厂家为了满足生产的需求,可使用另一个企业的轴承作为替代。那么,为了满足这样的要求,就可以使用事例有效性进行配置。Teamcenter 实际上支持以替换件和全局替换件的方式,对零组件进行替换,这里以替换的方式说明事例有效性。

如图 6-33 所示,在"我的 Teamcenter"中增加一个零组件"轴承事例"作为被替代的柴油机零件,在柴油机的 BOM 结构树中选中该零组件,单击"工具"—"有效性"—"事例有效性…"—"查看、编辑和创建…"。当前时间为 2014 年 11 月 17 日,设置"轴承事例"的零组件有效日期为从 2014 年 11 月 1 日至 9 日,故当前日期不在有效时期内,该事例无效。同理将"轴承"的事例有效性日期设置为 2014 年 11 月 10 日至 18 日,覆盖了当前日期,故该事例有效。两者的事例有效性设置分别如图 6-34 和图 6-35 所示。

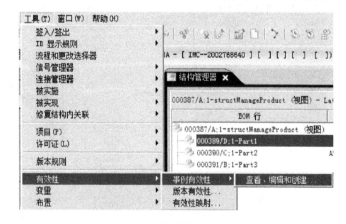

图 6-33　编辑事例有效性

按如图 6-36 所示操作，去掉菜单中"显示未按事例有效性配置的"菜单项前的勾，以显示最终的有效性配置结果（如图 6-37 所示）。

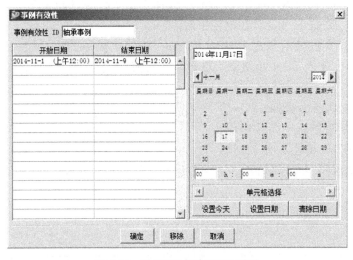

图 6-34 设置"轴承事例"有效性

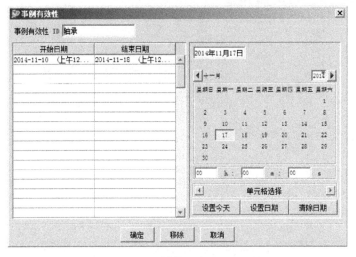

图 6-35 设置"轴承事例"有效性

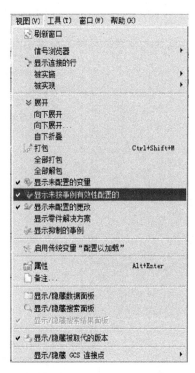

图 6-36 显示事例有效性配置结果

图 6-37 最终的事例有效性结果

5. 设置变量配置

本例设置 3 种柴油机型号,对应于 3 个变量选项:柴油机的缸数;是否有电控排放以满足更严格的环保要求;缸径。如 8G54MC,12G76MC,12G76EC 分别表示 8 缸 54 mm 缸径普通排放,12 缸 76 mm 缸径普通排放,12 缸 76 mm 缸径电控排放。

首先,将确定数目的 54 缸径和 76 缸径活塞放入 BOM 表格中,将确定数目的连杆放入 BOM 表格中,将电控排放的零组件也放入 BOM 表格中。在显示未配置的变量条件下,这些条目全部显示。

选中柴油机 BOM 根条目,在工具条中选择"显示隐藏数据面板",显示出数据面板。在面板右下角按钮中,单击"创建原生选项",如图 6-38 所示,弹出一系列对话框,在其中设置一个原生选项,包括缸径、缸数和排放。选项设置结果如图 6-39 所示。

图 6-38　单击按钮创建选项

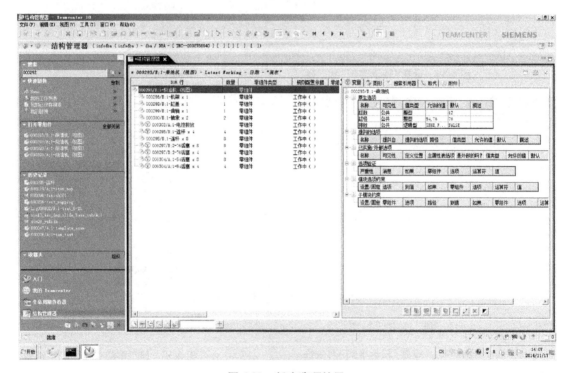

图 6-39　新建选项结果

接着,针对每项 BOM 条目设置变量条件。选中"电控排放",单击工具条中的"编辑变量条件",设置其变量条件为"TRUE",如图 6-40 所示。与之类似,分别选中"连杆""54 活塞""76 活塞",设置变量条件分别如图 6-41 至图 6-45 所示。其中,54 活塞分为,一组 8 个零组件和一组 4 个零组件,以方便区分 12 缸和 8 缸。76 活塞与之设置类似。当前产品的变量条件设置如图 6-46 所示。

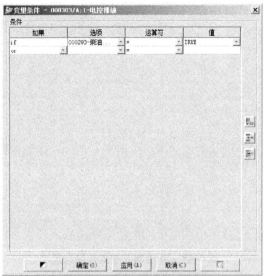

图 6-40　电控排放变量条件设置

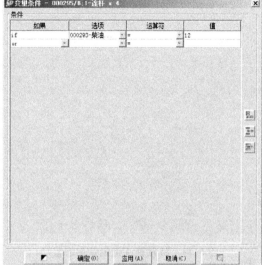

图 6-41　连杆 4 变量条件设置

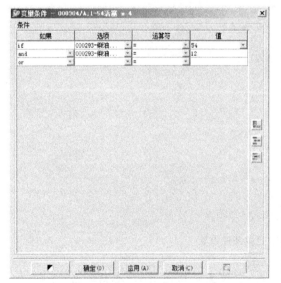

图 6-42　54 活塞 4 变量条件设置

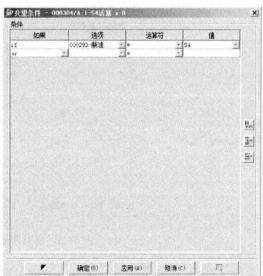

图 6-43　54 活塞 8 变量条件设置

图 6-44　76 活塞 4 变量条件设置　　　　　图 6-45　76 活塞 8 变量条件设置

图 6-46　当前产品的变量条件设置

在设置好的 BOM 表格中各零部件的变量条件后,单击工具栏中的"变量配置"按钮,在配置界面中设定好存储在模块中的已保存配置,分别取名为 8G54MC,12G76MC 和 12G76EC,如图 6-47 所示。

如果结构管理器中未显示配置结果,如图 6-48 所示,去掉"显示未配置变量"菜单项前面的勾,即可看到效果。

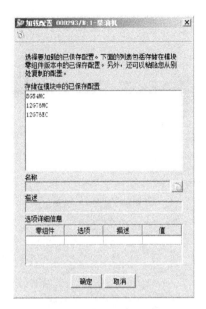

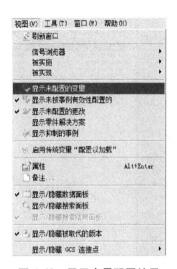

图 6-47　柴油机定制配置　　　　　　图 6-48　显示变量配置结果

单击工具栏中的"设置选定模块的选项值",在弹出的配置对话框中,选择"加载",将跳出已经设置好的选项,分别选择 8G54MC,12G76MC,12G76EC,各自对应的结构 BOM 表格显示,如图 6-49 至图 6-51 所示。可以看到,在设置好变量条件和变量选项之后,结构管理器中的 BOM 条目可以根据要求自动更新。这种按照变量配置 BOM 结构的方式,在多系列产品,如汽车、家用电器等领域有着广泛的应用。

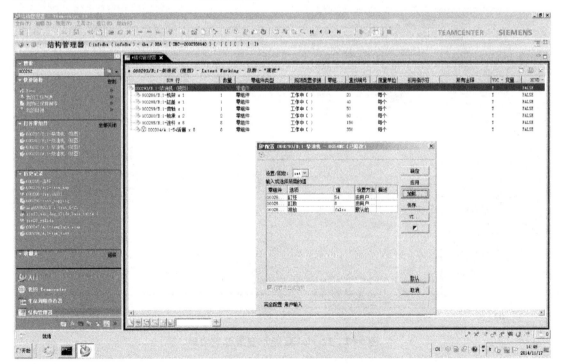

图 6-49　8G54MC 显示变量配置结果

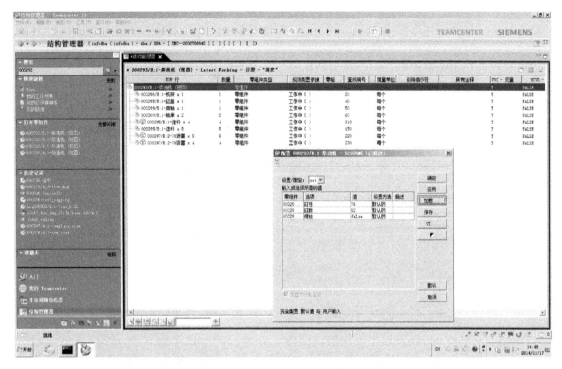

图 6-50　12G76MC 显示变量配置结果

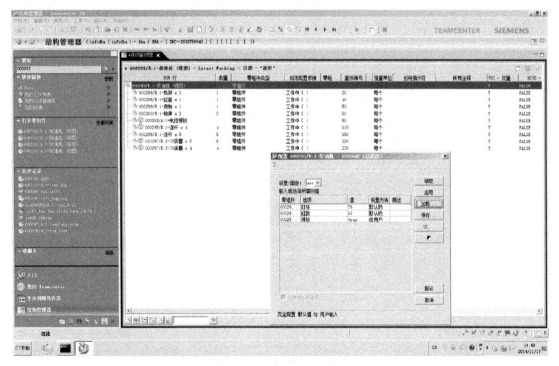

图 6-51　12G76EC 显示变量配置结果

思考与练习

1. 在前述文档管理中,柴油机零部件,如机架、连杆、缸盖、活塞等信息都是手工导入的,这对于实际企业生产过程中的复杂产品来说,效率很低。Teamcenter 提供了基于 NX 装配体的批量导入功能,只需要事先在建模软件 NX 中建立好产品的装配模型,便可方便地通过 Teamcenter 的工具快速导入。

按如下步骤练习 NX 装配体导入:首先启动 TC 集成环境下的 NX,接着使用 NX 文件下的"装配导入至 Teamcenter…"功能,然后选择欲导入的装配体,设置好零组件命名规则,执行操作后,将自动在"我的 Teamcenter"中生成零组件和零组件版本,同时将 NX 三维模型以 UGMASTER 数据集的形式与对应的零组件版本关联。

NX 启动后,如图 6-52 所示,单击"文件"—"装配导入至 Teamcenter…"。

图 6-52　点击"文件"—"装配导入至 Teamcenter…"

如图 6-53 所示,选择欲导入的装配体文件。

图 6-53　选择本地的装配体文件

按如图 6-54 所示操作后，单击"执行"完成装配结构从 NX 向 Teamcenter 的传递。

图 6-54　导入装配操作

2. 在前述结构管理实例中，主要使用了 BOM 表维护、变量配置、有效性配置和版本配置。其中有效性配置使用了事例有效性方法。Teamcenter 的有效性配置还支持版本有效性配置。版本有效性功能通过设定时间段或者单元 ID 来控制发布状态的有效性，达到对已经发布版本在产品生命周期中阶段有效控制的目的。它主要针对有发布状态的零部件版本。按照如下步骤练习版本有效性配置：

选中 Part1 的 A 版本，在工具菜单栏或者在"汇总"视图中单击"版本有效性…"（在走完流程，零组件版本具有状态之后，设置版本有效性才有意义），如图 6-55 所示。

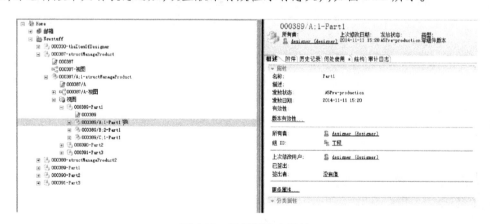

图 6-55　设置版本有效性

在弹出的"有效性"对话框（图 6-56）中单击"单元/日期范围"等列，弹出如图 6-57 所示的"发放状态有效性"对话框，设置日期（即改零件版本的有效期限），完成其余所有流程的零件节点的版本有效性设置。

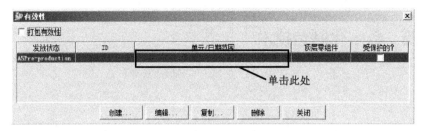

图 6-56　设置版本有效性

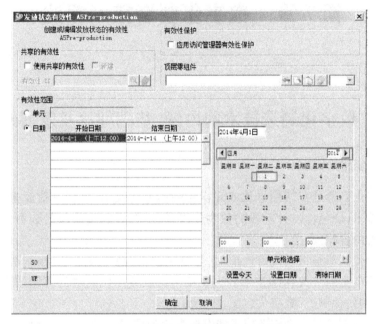

图 6-57　设置零件版本的有效日期范围

设置完毕后,将零件结构发送到结构管理器,在结构管理器中按上述方法创建版本规则。在弹出的"新建版本规则"对话框中按图 6-58 创建规则(日期可随便设置),其中名称可改为学号,设置的日期可理解为当前实际日期。单击"确定"按钮后,回到"版本规则"对话框,单击"应用规则",将显示版本配置结果。更改变量规则中的日期,查看配置结果。

图 6-58　导入装配操作新建版本有效性规则

┌─────────────────────────┐
│ 第二篇　数字化制造技术 │
└─────────────────────────┘

第7章　数字化制造技术概述

7.1　数字化制造技术的内涵、基础理论及发展趋势

7.1.1　数字化制造技术内涵

广义的数字化制造是支持信息化或知识化的制造业技术，是同制造业相关的所有制造活动的数字化技术，既包含设计阶段的数字化设计，也包含制造阶段的数字化制造，还与销售、维护、保养等内容相关。

狭义的数字化制造是将现代信息技术（计算机技术、网络技术等）与制造科学技术在更深层次上结合而产生的交叉科学技术。这些技术构成数字化制造的智能技术，如制造过程的建模与仿真、网络化制造、数字化装配、数控加工等。

数字化设计与制造是先进制造技术的发展方向与重要内容。数字化设计偏重于设计阶段的数字化与三维化，以产品设计为目的与产出。数字化制造偏重于制造阶段的数字化与自动化，以实际产品为目的与产出。虽然随着数字化与信息化技术在制造业的应用日渐深入，设计与制造的概念正趋于模糊，但本书还是将数字化制造概念偏向于狭义上解释。

与数字化制造相关的常见概念有数字化工厂、智能工厂和智能制造。

数字化工厂是由数字化模型、方法和工具构成的综合网络，包括仿真和三维虚拟现实可视化，通过连续的没有中断的数据管理集成在一起。数字化工厂集成了产品、过程和工厂模型数据库，通过先进的可视化、仿真和文档管理，以提高产品的质量和生产过程所涉及的质量与动态性能。数字化工厂在计算机虚拟环境支持下，对整个生产过程进行仿真、评估和优化，并进一步扩展到整个产品生命周期，其本质是实现信息集成。

智能工厂在数字化工厂基础上扩展了物联网技术和监控技术，以加强信息管理，提高生产过程的可控性，减少人工干预，提高计划安排的自动化程度和合理性，构建高效、节能、环保、绿色的人性化工厂。智能工厂具备一定的自主能力，可对生产过程进行采集、分析、判断、规划；具备协调、重组及扩充特性，初步具备了自我学习、自行维护能力，实现了工人与设备之间的相互协调合作。

智能制造是物联网与制造业深度融合的最终目标，智能制造在制造过程中能够进行智能活动，能够进行分析、推理、判断、构思和决策等智能程度较高的活动。通过人与智能机器

的合作,扩大、延伸和部分取代了技术专家在制造过程中的脑力劳动。智能制造将制造自动化延伸到柔性化、智能化和高度的集成化。智能制造是人机一体的智能系统,智能设备可承担分析判断等传统上由人来决定的任务。在智能制造系统中,依然突出人在制造系统中的核心地位,在智能机器设备的配合下,可更好地发挥人的潜能。

7.1.2　数字化制造技术的相关基础理论

1. 制造过程建模与仿真

为实现在制造阶段对制造过程的数字化管控,需要对制造过程进行建模与仿真。其根本目的是为制造服务,为工艺设计的效果提供评估、分析的方法和手段,以便更快、更好、更经济地完成工艺设计。产品设计完成之后,需要在工艺设计时对产品的制造过程进行设计,形成产品各部分的工艺流程,定义工艺路线、方法、设备和工艺参数。制造过程建模就是根据这些离散的工艺数据,形成能够反映制造过程行为和特性的过程模型,既能够完整表达工艺设计内容,又可直观地描述制造零件的动态过程。目前,产品制造过程建模研究主要集中在产品制造过程描述、产品制造过程规划和制造资源建模等方面。在完成建模后,还需要对制造过程进行仿真,大致包括以产品模型为中心的仿真、以制造系统为中心的仿真和以产品开发制造过程为中心的仿真。制造过程仿真将产品模型和制造系统模型结合起来,同时考虑控制策略、库存能力和负载等因素,具体又可分为面向进程的仿真方法和面向对象的仿真方法。本文中的多项应用或软件都与其相关。

2. 数控加工技术

数控加工是在数控机床上进行零件加工的工艺方法。数控机床加工与传统机床加工的工艺过程总体一致,但也有明显变化。数控加工具有极强的自动性、灵活性和高效性。数控加工使用数字化信号对机床运动及加工过程进行控制。目前数控加工技术不仅适用于机加工设备,同样也适用于数控折弯、弯管、冲床等各类加工设备,并且在各类新型加工方法中出现。数控加工设备的基本原理是基于轮廓控制进行插补。不同的厂家有不同的数控系统,目前典型的数控系统有 FANUC 系统、西门子系统、华中数控系统。由于采用数控方法需要编制数控加工程序,所以编制数控程序是数控加工过程的一项重要内容,有时会是决定性环节。需要在编制过程中,考虑工艺参数、数控刀具、加工要求、切削用量和加工路线等因素。目前较多采用计算机辅助数控程序编制。

3. 虚拟现实技术

虚拟现实技术是一种可以创建和体验虚拟世界的计算机仿真系统。利用它可以使计算机生成一个模拟环境,将三维动态场景和交互行为近乎真实地表现给用户。虚拟现实技术是多种技术的交叉产出,是一门具有挑战性的前沿学科。其基础是仿真技术、计算机图形学、人机接口技术、多媒体技术、传感器技术等多种技术的融合。虚拟现实技术一般包括视觉感知、听觉感知、运动感知和触觉感知,甚至还可包括味觉和嗅觉感知。目前,虚拟现实技术在视频游戏、电影娱乐行业应用较多,且正向制造业和智能制造方向扩展。一些大型企业广泛应用虚拟现实技术,提高开发效率,加强数据采集、分析和处理能力,减少决策失误,降低企业产品研发风险。典型的虚拟现实技术的制造应用有虚拟制造、虚拟设计和虚拟装配等。

7.1.3　数字化制造技术发展趋势

1. 利用集成技术，实现产品全数字化设计与制造

在 CAD/CAM 应用过程中，利用产品数据管理技术实现并行工程，可极大地提高产品开发的效率和质量，企业通过 PDM 可以进行产品功能配置，利用系列件、标准件、借用件、外购件减少重复设计，在 PDM 环境下进行产品设计和制造，通过 CAD/CAE/CAPP/CAM 等模块的集成，实现产品无图纸设计和全数字化制造。

2. 制造系统的数字化同企业其他部门融合，形成数字化企业

数字化制造技术主要用于实现产品的设计、工艺和制造过程及其管理的数字化，而企业的立足与发展还需要市场、销售、财务、采购等部门支持，所以制造系统的数字化必然向这些部门扩展、延伸和融合。如企业资源计划（ERP）是以实现企业产、供、销、人、财、物的管理为目标；供应链管理 SCM 用于实现企业内部与上游企业之间的物流管理；客户关系管理（CRM）可以帮助企业建立、挖掘和改善与客户之间的关系。上述各类信息技术的集成，可整合企业的管理，建立从企业的供应决策到企业内部技术、工艺、制造和管理部门，再到用户的信息集成，实现企业与外界的信息流、物质流和资金流的顺畅传递，从而有效地提高企业的市场反应速度和产品开发速度，确保企业在竞争中取得优势。

3. 数字化制造扩展至企业间的信息融合与分享

虚拟设计、虚拟制造技术以计算机支持的仿真技术为前提，形成虚拟的环境、虚拟的设计与制造过程、虚拟的产品、虚拟的企业，从而大大缩短产品开发周期，提高产品设计开发的一次成功率。随着网络技术的高速发展，企业通过国际互联网、局域网和内部网，组建动态联盟企业，进行异地设计、异地制造，然后在最接近用户的生产基地制造成产品，实现数字化制造从企业内部扩展至企业间的信息融合与分享，进一步提高了企业的研发能力与盈利水平。

4. 数字化制造向智能制造的深度发展

数字化制造在企业生产部门内部、企业各部门间、相关企业间的广度上融合与发展，同时在深度上进一步向智能制造发展。使用工具是人区别于动物的一大重要特征。人类历史发展的演化过程可以说是人类使用工具水平不断进化的过程。机器的使用是人类使用工具的一大重要阶段。现阶段的机器及设备的数字化是计算机技术在制造业的发展。未来随着物联网、云计算等智能制造技术的进一步发展，人类将更加灵活地使用机器，将一部分分析、决策的工作也交由智能设备来操作，这将进一步解放人类，使得人类更加集中精力从事创造性的工作，改变人类生产与生活的方式。

7.2　CAM 技术概要及数控编程方法

7.2.1　CAM 技术概论

计算机辅助制造（Computer Aided Manufacturing，CAM）是指利用计算机来进行生产设备管理控制和操作的过程。CAM 的输入信息是零件的工艺路线和工序内容，输出信息是刀具加工时的运动轨迹（刀位文件）和数控程序。

CAM 的核心是计算机数值控制(简称数控),是将计算机应用于制造生产过程的过程或系统。1952 年美国麻省理工学院首先研制成数控铣床。数控的特征是由编码程序指令来控制机床。此后发展了一系列的数控机床,包括被称为"加工中心"的多功能机床,它能从刀库中自动换刀和自动转换工作位置,能连续完成铣、钻、铰、攻丝等多道工序,这些都是通过程序指令控制运作的。数控加工过程可以由程序指令来控制。数据转换和过程自动化是 CAM 技术的两个显著的功能。

CAM 有狭义和广义的两个概念。CAM 的狭义概念指的是从产品设计到加工制造之间的一切生产准备活动,包括 CAPP、NC 编程、工时定额的计算、生产计划的制订、资源需求计划的制订等。这是最初 CAM 系统的狭义概念。到今天,CAM 的狭义概念进一步缩小为 NC 编程的同义词。CAPP 已被作为一个专门的子系统,而工时定额的计算、生产计划的制订、资源需求计划的制订则划分给 MRPⅡ/ERP 系统来完成。CAM 的广义概念除了上述 CAM 狭义定义所包含的所有内容外,还包括制造活动中与物流有关的所有过程(加工、装配、检验、存贮、输送)的监视、控制和管理。

7.2.2　数控编程技术

所谓数控编程就是把零件加工的工艺过程、工艺参数、机床的运动及刀具位移量等信息用数控语言记录下来,通过校核之后用于生产加工的过程。数控编程是指从零部件图纸到获得数控加工程序的全部工作过程,包括零部件图纸分析、数控机床的选择、刀具参数的确定、数控程序的编写等。数控编程基本流程如图 7-1 所示。

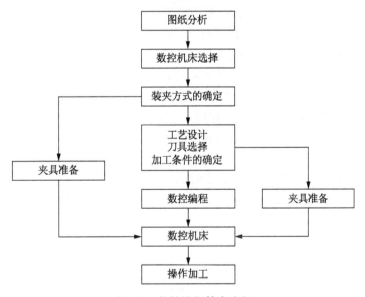

图 7-1　数控编程基本流程

数控编程技术分为手动编程技术和自动编程技术两种。

1. 手动编程技术

手动编程技术是人为地进行图纸分析、工艺处理、数值计算、程序编写及程序校核的过程。手动编程适合于编写进行点位加工或者几何形状较为规则、简单的零件加工程序。这类程序坐标计算较为简单,程序也更便于实现。

手动编程的步骤:分析零件图样和工艺—确定加工路线和工艺参数—进行几何计算—编写程序—输入程序—进行程序检验和切试。

(1) 分析图纸,确定加工工艺

在数控机床上加工模具,编程人员拿到的原始资料是零件图。根据零件图,可以对零件的形状、尺寸精度、表面粗糙度轮廓、工件材料、毛坯种类和热处理状况等进行分析,然后选择机床和刀具、确定定位夹紧装置、加工方法、加工顺序及切削用量的大小。在确定工艺过程中,应充分考虑所用数控机床的性能,充分发挥其功能,做到加工路线合理、走刀次数少和加工工时短等。此外,还应填写相关的工艺技术文件,如数控加工工序卡片、数控刀具卡片和走刀路线图等。

(2) 编写程序

编程人员应根据工艺分析的结果和编程软件的特点,选择合理的加工方法及切削参数,编写高效的程序。根据使用软件不同,编程人员需要熟悉各参数的意义。

(3) 输入程序

将加工程序输入数控机床的方式有:键盘、磁盘、磁带、存储卡及网络等。目前常用的方法有:通过键盘输入程序;通过计算机与数控系统的通信接口将加工程序传送到数控机床的程序存储器中(现在一些新型数控机床已经配置大容量存储卡存储加工程序,作为数控机床程序存储器使用,因此数控程序可以事先存入存储卡中);一边由计算机给机床传输程序,一边加工(这种方式一般称作 DNC,程序并不保存在机床存储器中)。

(4) 检验程序和试切

数控程序必须经过检验和试切才能正式加工。一般可以利用数控软件的仿真模块,在计算机上进行模拟加工,以判断是否存在撞刀、少切及多切等情况;也可以在有图形模拟功能的数控机床上进行图形模拟加工,检查刀具轨迹的正确性,对无此功能的数控机床可进行空运行检验。但这种方法只能检验出刀具运动轨迹是否正确,不能查出刀具及对刀误差。因为会存在由于刀具调整不当或某些计算误差引起的加工误差,所以有必要进行首件试切。当发现有加工误差不符合图纸要求时,应分析误差产生的原因,以便修改加工程序或采取刀具尺寸补偿等措施,直到加工出合乎图纸要求的模具为止。

对于点位加工和几何形状不太复杂的零件,数控编程计算较简单,程序段不多,手工编程即可实现。但是对于轮廓形状不是由简单的直线、圆弧组成的复杂零件,特别是空间复杂曲面零件,以及几何元素虽不复杂但程序量很大的零件,计算及编写程序则相当烦琐,工作量大,容易出错,所以最好采用自动编程方法。

2. 自动编程技术

自动编程技术是通过计算机系统及相应的编程软件生成数控加工程序,利用计算机系统采用习惯的编程语言对加工对象的几何形状、加工工艺、切削参数及辅助信息进行描述,通过计算机软件进行计算,生成刀轨并进行后处理,对整个加工过程进行模拟。自动编程技术对于一些具有复杂特征的零件加工编程具有更高的效率及可靠性。

(1) 确定 CAD 模型信息

自动编程技术的实现,需要有产品 CAD 信息模型作为编程基础,刀轨代表数控机床刀具的行走路径,它存储了机床动作描述信息和点位信息。机床的主轴转速、进给量、进给速度等工艺参数,通过刀轨规划是无法得到的。因此,必须建立相应的工艺信息,在工艺信息的基础上规划刀轨,并通过后置处理器处理才能生成满足加工要求的正确刀轨。

系统在生成刀轨时,除了需要刀具、主轴转速、进给速度、程序名称等工艺信息之外,还需要加工模板、刀轨文件,以及固定的程序头、程序尾等,见表 7-1。

表 7-1　自动编程系统所需工艺信息

基本信息	加工信息	其他信息
工序名称 工步名称 加工方法 加工特征	刀具信息 机床信息 主轴转速 进给率 加工余量	程序名称 模板操作 刀轨名称 程序头尾 附件信息

在实际进行工艺设计的时候,通常情况下只需要确定基本信息和加工信息即可,不需要顾及其他信息栏目中的内容。但也有标准化比较高的企业将程序头和程序尾固定下来,在工艺设计的时候指定程序头、程序尾和附件信息。

(2)选择合适的刀轨生成方法

很多类型的关键件加工特征多,且种类和系列繁多。如果针对每一个加工特征设计一个刀轨,当遇到新机型时就需要程序设计人员对系统进行刀轨扩展和升级,如此不但不能提高程序编制效率,而且需要花费大量的人力和财力进行系统维护。因此,需要从产品关键件的加工特征出发,对其加工刀轨进行深入的分析和归纳,最大限度地总结出不同加工特征和刀轨之间的相似性,利用统一的方法生成满足一类加工特征的刀具轨迹,提高自动编程系统的适应性。

为了能够正确地生成刀轨,提高刀轨生成程序的通用性,需要将一些与刀轨生成相关的参数通过人工设置完成,如刀轨的起始点和终止点、退刀距离、刀轨切削轨迹的起始点和起始方向等。通过对加工特征的成组分析,将加工特征分为两类:第一类,加工特征在加工面两个方向上的长度都大于刀具直径,采用多次走刀切削的方式进行;第二类,加工特征在加工平面上只有一个方向的长度大于刀具直径,或者两个方向都不大于刀具直径,采用一次走刀的形式切削。总之,刀轨的生成方法对于自动编程技术至关重要,其关键要素包括定义刀轨生成的坐标系统,定义刀具,定义刀轨关键点位置、进给速度,定义区域面的离散精度,等等。

(3)刀轨后置处理

自动编程系统以工步(加工特征)为单位生成特征刀轨,但每一个经过后处理器处理的加工特征刀轨生成的数控代码都要求有特定的设置,如特定的程序头和程序尾,是否回断点,是否设置附件操作,是否保留小数点等。其中有些设置跟机床信息、工步信息、位置信息等有严格的对应关系,它们具有以下特点:

① 程序头和程序尾:程序头中定义数控切削加工之前的预先定义,如程序选择绝对坐标系还是相对坐标系,加工坐标平面的选择,是否定义局部坐标系,选择哪个工作坐标系等。这些设置不仅跟机床和加工对象相关,而且跟加工特征的选择有密切的关系。程序尾中定义程序运行结束后需要完成的善后操作,如取消局部坐标系、机床回参考点等操作。

② 回断点:一个工序往往需要完成多个加工特征,耗费时间比较长。在加工过程中难免

会遇到突发事件，如机床突然断电、机床遇到突发故障等造成机床停机。这时候就需要机床能够在上电之后快速地定位到最近加工的特征的起始点（断点），继续停机之前的加工。

③ 附件操作：机床附件是用于扩大机床的加工性能和使用范围的附属装置。机床附件种类很多，包括导轨防护罩、排屑机、偏摆仪、卡盘、万向尺等。由于机床加工的对象庞大，移动不便，同时又有斜面特征，所以，机床需要在主轴上安装万向尺，通过调整万向尺的角度使刀具按照一定的倾斜角进行加工。由于不同型号的机床，功率不同、主轴的大小不同，所以不同型号的机床拥有的附件也不相同。

用户根据需要定义自定义事件，在后处理器中提取用户定义的自定义事件。通过 Tcl 等语言编制相应的函数，灵活地完成用户的后处理需求，如机床回断点、ZW 拆分、机床刀补等操作。数控程序后处理流程如图 7-2 所示。

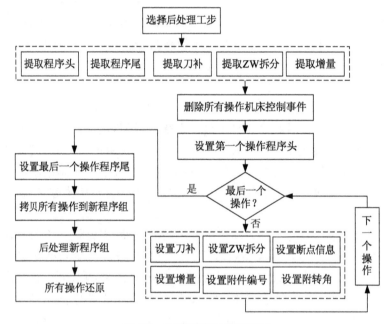

图 7-2　数控程序后处理流程

7.3　加工仿真技术

7.3.1　加工仿真技术概要

为确保数控加工过程的正确性，在数控加工前验证加工程序是数控加工过程中的一个十分重要的环节。传统的数控程序检验方法为物理试切法，即采用某种切削材料，通常为非金属切削材料来代替实际零件材料进行试切加工。运用计算机模拟数控加工可以在实际加工前，及时发现并除去程序中的错误，确保程序的正确性、合理性，从而使得在不需要真实加工环境下评价数控加工过程成为可能。

7.3.2　加工仿真应用

加工仿真就是利用计算机软件来模拟加工过程,并将加工过程和加工结果的信息在计算机中用图形、数字、图表等方式表达出来,以达到提供判断、验证和控制数控加工过程和结果的正确性、合理性及加工效率高低等办法的目的。它可以在计算机上模拟出加工走刀和零件的切削全过程,直接观察在切削过程中可能遇到的问题,反复调试直到得到满意的结果,而不实际占用和消耗机床、工件等资源。同时利用计算机加工还可以实现额外工作,如预先对结果进行评估,统计各类加工数据并对加工过程进行优化,实现智能加工。

数控加工仿真主要有两种实现方式:① 几何仿真,不考虑切削参数、切削力及其他物理因素的影响,只仿真刀具、工件几何体的运动,以验证 NC 程序的正确性;② 物理仿真,使用物理规律去模拟被仿真的事件,此时需要考虑加工的力、速度、速率、质量、密度、能量及其他物理参数的影响,因此该方式较复杂,且随着应用对象材料和目的的不同有很大的不同。

在机械加工过程中,几何验证是基本前提,物理仿真可以揭示加工过程的物理本质,帮助我们了解切削力、热、切屑、振动等形成机理并进行力学分析与计算。前者典型的应用系统有 Vericut,NCSIMUL 等,后者典型的应用系统有 Third Wave Advant Edge,Deform 3D 等。

7.4　数字化工厂

7.4.1　数字化工厂概要

数字化工厂是以产品全生命周期的相关数据为基础,在计算机虚拟环境中,对整个生产过程进行仿真、评估和优化,并进一步扩展到整个产品生命周期的新型生产组织方式。数字化工厂是现代数字制造技术与计算机仿真技术相结合的产物,同时具有鲜明的特点。它的出现给基础制造业注入了新的活力,成为沟通产品设计和产品制造的桥梁。

数字化工厂是由数字化模型、方法和工具构成的综合网络,包含仿真和三维虚拟现实技术,通过连续的、没有中断的数据管理集成在一起。数字化工厂集成了产品、过程和工厂模型数据库,通过先进的可视化、仿真和文档管理,以提高产品的质量和生产过程所涉及的质量和动态性能,从而提高盈利能力,提高规划质量,缩短产品投产时间,使交流透明化、规划过程标准化。

7.4.2　数字化工厂应用

在当今激烈的市场竞争下,制造企业面临着巨大的时间、成本、质量等压力。数字化工厂作为新型的制造模式和方法,为制造商提供了一个制造工艺信息平台,使企业能够对整个制造过程进行设计规划、模拟仿真和管理,并将制造信息及时地与相关部门、供应商共享,从而实现虚拟制造和并行工程,保障生产的顺利进行。数字化工厂与自动化工厂的最大区别在于知识的含量。数字化工厂是基于科学而非仅凭经验的制造与生产,科学知识是智能化、数字化的基础。数字化工厂不仅包含物质和非物质的处理过程,不仅具有完善和快捷响应的物料供应链,还需要有稳定且强有力的知识供应链和产学研联盟,源源不断地提供高素质人才和工业需要的创新成果,发展高附加值的新产品,促进产业不断转型升级。数字化工厂是可持续发展的制造模式,发挥了计算机建模与仿真、信息通信技术的巨大潜能,优化了设计制造过程,减少了污染物排放,保护了环境。目前,数字化工厂在汽车行业应用最为广泛与深入。汽车的白车身制造、总装生产、发动机生产及物流管理等,都是数字化工厂大显身手的应用领域。目前数字化工厂技术正在向制造行业的其余产品类型扩展。

7.5 装配仿真

7.5.1 装配仿真概要

装配仿真是为各类复杂机电产品的设计和制造提供完整的装配解决方案的过程。设计阶段包括产品可装配性验证、装配工艺规划和分析、装配操作培训与指导、装配过程演示等,制造阶段包括为产品生产过程的装配校验、产品制造过程的装配工艺验证、装配操作培训提供虚拟装配仿真服务。简单来说,装配仿真包括装配设计仿真和装配工艺仿真。装配仿真本身包含的事项较多,如操作路径规划、人机协调操作仿真、容差分析、人机工程仿真等。

通过对一个装配体的仿真分析,可初步探索产品的可装配性分析和装配精确性。三维装配过程仿真系统在数字化制造中有以下优势:

① 通过装配过程仿真能及时发现产品设计、工艺设计及工装设计存在的问题,有效减少装配缺陷和产品的故障率,减少因装配干涉等问题而进行的重新设计和工程更改,保证产品装配的质量。

② 装配仿真过程产生的图片、视频录像等结果可直观地演示装配过程,使装配工人更容易理解装配工艺,减少装配过程反复,减少人为差错。

③ 在新产品的开发过程中,通过三维数字化装配工艺设计与仿真,可减少技术决策风险,降低技术协调成本,提高企业的技术创新能力。

7.5.2 装配仿真应用

装配仿真技术的广泛应用打破了传统的生命周期模式,摆脱了实物产品支撑试验的问题解决模式,可形成面向装配的设计(DFA),制造部门的技术人员能尽早参与到产品设计研发中去,与设计师并行展开工作,形成新的问题解决模式。工程师正确、有效地运用装配仿真,可减少甚至消除对物理样机的需求,避免产品设计变更所带来的工装更改、工艺变更、零部件报废等时间及资金成本,以满足新产品快速研制的需要。目前,装配仿真技术可应用的方向繁多,以下简述常见的几种。

(1)交互式装配设计

为用户提供虚拟环境下的交互装配设计,用户通过交互操作,实现产品的装配与拆卸,检验装配组件的动/静态干涉情况,能够验证装配过程,有效地验证装配的合理性。

(2)人机协调操作过程仿真

对生产线、操作者、装配操作过程进行仿真,将生产过程中的各类要素,包括工件、机器、工装等在三维虚拟环境中进行建模,并对操作过程中各个要素的动作、状态进行仿真。

(3)装配序列规划

通过对装配序列的定义,工艺人员能够通过设置关键帧及虚拟环境中三维模型的位置,形成装配路径及装配序列,完成工艺文件的编制。

7.6 常用的数字化制造软件

目前 CAM 软件有很多种。常见的 CAD/CAM 一体化软件有 UG,Pro/ENGINEER,CATIA 等。这类软件的特点是优越的参数化设计、变量化设计及特征造型技术与传统的实体和曲面造型功能结合在一起,加工方式完备,计算准确,实用性强,可以从简单的 2 轴加工到以 5 轴联动方式来加工极为复杂的工件表面,并可以对数控加工过程进行自动控制和优化,同时提供了二次开发工具允许用户扩展。相对独立的 CAM 系统有 Edgecam,Mastercam, WorkNC,TEBIS,HyperMILL,Powermill,Solidcam 等。这类软件主要通过中性文件从其他 CAD 系统获取产品几何模型。系统主要有交互工艺参数输入模块、刀具轨迹生成模块、刀具轨迹编辑模块、三维加工动态仿真模块和后置处理模块。

国内 CAM 软件的代表有 CAXA 制造工程师、中望、北京精雕等。这些软件价格便宜,主要面向中小企业,符合我国国情和标准。

7.6.1 NX CAM

NX 是高度集成化的 CAD 软件系统,是全世界制造业用户广泛应用的大型 CAD 软件。该软件可以在单一数字模型中完成从产品设计、仿真分析、测试直至数控加工的产品研发全过程。它是航空、汽车、造船行业的首选 CAD/CAM 软件。NX CAM 能提供完整的计算机辅助制造解决方案。

① 高级编程功能:NX CAM 2.5 轴铣削、NX CAM 3 轴铣削高速加工、NX CAM 5 轴铣削、NX CAM EDM 线切割、NX CAM 车削、NX 叶轮加工。

② 编程自动化:通过流程自动化和基于特征的加工提高效率。NX CAM 中的最新 NC 编程自动化技术可提高制造效率。借助基于特征的加工(FBM),编程时间可以缩短约 90%。此外,使用模板可以应用预先定义且基于规则的流程,从而实现编程任务的标准化并加快完成速度。

③ 后处理和仿真:NX CAM 软件具有紧密集成的后处理系统,可轻松生成几乎任何类型的机床和控制器配置所需的 NC 代码。NC 程序验证有多种级别,其中包括基于 G 代码的仿真,此类仿真消除了使用独立仿真包的需要。

④ 集成式解决方案:NX 提供多种高级 CAD 工具,可用于处理各种任务,包括建立新零件模型,为 CAM 准备零件模型,以及直接根据 3D 模型数据创建结构图纸。

7.6.2 Surfcam

Surfcam 是一款由美国加州的 Surfware 公司开发的基于 Windows 的数控编程系统。它主要通过中性文件从其他 CAD 系统获取产品几何模型。系统主要有交互工艺参数输入模块、刀具轨迹生成模块、刀具轨迹编辑模块、三维加工动态仿真模块和后置处理模块,主要应用在模具行业的中小企业。此外,Surfcam 具有全新透视图基底的自动化彩色编辑功能,可迅速而又简捷地将一个模型分解为型芯和型腔,从而节省复杂零件的编程时间。

7.6.3 Mastercam

Mastercam 是美国 CNC Software Inc. 公司开发的基于 PC 平台的 CAD/CAM 软件。它集二维绘图、三维实体造型、曲面设计、体素拼合、数控编程、刀具路径模拟及真实感模拟等多种功能于一身，且具有直观的几何造型。Mastercam 提供了设计零件外形所需的理想环境，其强大稳定的造型功能可设计出复杂的曲线、曲面零件。Mastercam 9.0 以上版本还支持中文环境，对广大中小企业来说是理想的选择，是经济有效的全方位的软件系统，是工业界及学校广泛采用的 CAD/CAM 系统。

Mastercam 具有强劲的曲面粗加工及灵活的曲面精加工功能，提供了多种先进的粗加工技术，以提高零件加工的效率和质量。Mastercam 还具有丰富的曲面精加工功能，可以从中选择最好的方法，加工最复杂的零件。Mastercam 的多轴加工功能，为零件的加工提供了更多的灵活性，其可模拟零件加工的整个过程，不但能显示刀具和夹具，还能检查刀具和夹具与被加工零件的干涉、碰撞情况。Mastercam 提供 400 种以上的后置处理文件以适用于各种类型的数控系统，如常用的 FANUC 系统，根据机床的实际结构，编制专门的后置处理文件，编译 NCI 文件经后置处理后便可生成加工程序。

7.6.4 Cimatron

Cimatron 作为全球排名第六的 CAD/CAM 软件商，在全球超过 40 个国家和地区的子公司和代理商为客户提供高速、高效的服务。快速响应、高效的销售和技术服务能力，使 Cimatron 软件的客户发挥最大潜能。

Cimatron 是开发和销售制造业 CAD/CAM 软件的领导者。它有两个产品线，分别是 CimatronE 和 GibbsCAM。Cimatron 满足所有的制造业需求，不仅为用户提供功能强大的通用 CAD/CAM 系统，而且针对模具制造行业提供全面的解决方案，为型腔模和五金模制造商提供专门的解决方案，以及为 2.5 轴到 5 轴产品提供车铣复合解决方案。Cimatron 的用户广泛分布于汽车、航空、计算机、玩具、消费类商品、医疗、军事、光学仪器、远程通讯、教育机构和科研院所等。

7.6.5 Solidcam

Solidcam 是一套数控加工方案，也是一套功能非常强大的高速加工系统。其销售渠道遍布美国、英国、法国、德国、丹麦、加拿大、新加坡、印度、日本、中国等。它在主流的三维 CAD 系统 SolidWorks 和 Inventor 软件中无缝集成。Solidcam 提供功能强大、易学易用、完整的 CAD/CAM 解决方案，为制造业用户提供从 2.5 轴铣削、3 轴铣削、多面体 4/5 轴定位铣削、高速铣削（HSM）、5 轴联动铣削、车削和高达 5 轴的车铣复合加工，以及线切割等编程模块。在 2009 年末，Solidcam 更是推出了革命性的高效加工策略——iMachining。Solidcam 可以与 SolidWorks 无缝集成在同一界面下，任何规模的公司都能够从 Solidcam 和 SolidWorks 联合解决方案中找到属于自己的高效加工解决方案。Solidcam 增长迅速，全球权威战略顾问公司 CIMdata 在 CIMdata NC 软件市场的报告中命名 Solidcam 为连续 7 年增长速度最快的 CAM 软件供应商，年增幅平稳保持在 30% 以上。

Solidcam 现有超过 16 000 家工业和教育用户，广泛分布于制造业、电子、医疗、消费品、机床设计、汽车和航空航天工业,在工模具和快速成型行业也得到了广泛的应用。

7.6.6　PTC creo

PTC creo 操作软件是美国参数技术公司(PTC)旗下的 CAD/CAM/CAE 一体化三维软件。PTC creo 软件以参数化著称,是参数化技术的最早应用者,在目前的三维造型软件领域中占有重要地位。PTC creo 作为当今世界机械 CAD/CAE/CAM 领域的新标准而得到业界的认可和推广,是现今主流的 CAD/CAM/CAE 软件之一,特别是在国内产品设计领域占据重要位置。

7.6.7　Edgecam

Edgecam 是海克斯康集团全资子公司 Vero 旗下的金属切削加工的旗舰产品,已有 30 年的软件开发历史,在 Edgecam 发展过程中处处体现出创新的理念和卓越的前瞻性: Edgecam 是首个与微软合作使用 Microsoft Windows 标准平台开发的 CAM 软件;第一个与 CAD 开发商建立合作的 CAM 软件公司;首个提出并使用基于实体加工理念的 CAM 软件;首个开发车、铣复合软件功能支持车、铣复合机床的 CAM 软件;首个建立三维刀具库并提供刀具专家系统的 CAM 软件;首个提出策略、成组加工高效编程方案的 CAM 软件;首个提供开放式后处理系统的 CAM 软件。由此 Edgecam 成为无可争议的新一代 CAM 软件的标杆,最终发展为目前全球装机量最大的 CAM 软件。

Edgecam 可以从主流的 CAD 系统(如 Inventor,SolidWorks,Solid Edge,Pro/ENGINEER,Pro/DESKTOP,CATIA,Solid3000 等)中直接读取实体模型,无须任何数据转换,也可以接受 IGES,DXF,VDA,Parasolid 和 ACIS 等格式的文件。

正因为 Edgecam 产品取得的优异成绩,Edgecam 的产品和团队成为 CAM 业内被追捧的投资热点,在 2011 年,美国多家著名投资机构将 Planit Software Ltd. 和 Vero 公司合并,组建成全球第三大 CAD/CAM 软件供应商 Vero 公司,其产品覆盖金属切削、钣金加工、木材加工、石材加工等众多制造行业,提供多种计算机辅助设计和制造(CAD/CAM)的解决方案,包括 Edgecam,Radan,Alphacam,Visi 等,以 Edgecam 产品为龙头,由 Edgecam 团队负责将 Vero 公司发展壮大。

7.6.8　Delcam PowerMILL

Delcam PowerMILL 是一独立运行的世界领先的 CAM 系统,它是 Delcam 的旗舰多轴加工产品。Delcam PowerMILL 可通过 IGES,STEP,VDA,STL 和多种不同的专用数据接口直接对接,读取来自任何 CAD 系统的数据。Delcam PowerMILL 具有以下特点:

①功能强大,易学易用,可快速、准确地产生能最大限度发挥 CNC 数控机床生产效率的、无过切的粗加工和精加工刀具路径,确保生产出高质量的零件和工模具,提高 CAM 系统的使用效率。

②功能齐备,加工策略极其丰富,广泛适用于工业领域。独有的最新 5 轴加工策略、高效粗加工策略及高速精加工策略,可生成最有效的加工路径,确保最大限度地发挥机床潜能。

③计算速度极快,提高了数控编程的工作效率。灵活性强,极大地方便了使用者。支持高速加工,提高了贵重设备的使用效率。

④ 独特的5轴加工自动碰撞避让功能,可确保机床和工件的安全,降低因加工事故造成的损失。

⑤ 先进的集成一体的机床加工实体仿真,方便用户在加工前了解整个加工过程及加工结果,节省加工时间及机床实际试切的加工成本。

⑥ 具有良好的容错能力,即使输入模型中存在间隙,也可产生无过切的加工路径。如果模型中的间隙大于公差,Delcam PowerMILL 将提刀到安全高度;如果模型间隙小于公差,刀具则将沿工件表面加工,跨过间隙。

⑦ 支持可视化多种毛坯定义与编辑,同时也支持任意毛坯几何数据读入,提高了加工效率。

⑧ 支持包括球头刀、端铣刀、键槽铣刀、锥度端铣刀、圆角偏心端铣刀和刀尖圆角端铣刀在内的全部刀具类型。全部刀具均通过软件自带的、使用方便的刀具数据库管理,用户可通过该数据库寻找所需刀具,系统将自动根据刀具提供商所建议的值给出进给率和转速。用户也可根据车间的实际情况定制刀具数据库。

Delcam PowerMILL 被广泛地应用于航空航天、汽车、船舶、家用电器、轻工产品和模具制造、快速原型、制鞋等行业。一汽集团、东风汽车集团、上海大众、哈飞集团、格力电器等中国顶级企业,Boeing(波音)、Pratt & Whitney(普惠)、Toyota(丰田)、GM(通用)、Ford(福特)、Volkswagen(大众)、Mercedes Benz(奔驰)、Matsushita(松下)、Canon(佳能)、Nike 等世界著名企业都选用 Delcam PowerMILL 作为他们的主要产品和模具加工软件。

7.6.9 CATIA

CATIA(Computer Aided Three-dimensional Interactive Application)是法国达索公司的产品开发旗舰解决方案,是交互式 CAD/CAE/CAM 系统。CATIA 系列产品在汽车、航空航天、船舶制造、厂房设计(主要是钢构厂房)、建筑、电力与电子、消费品和通用机械制造八大领域里提供 3D 设计和模拟解决方案。

CATIA 提供方便的解决方案,迎合所有工业领域内大、中、小型企业需要,包括波音747飞机、火箭发动机、化妆品的包装盒等,几乎涵盖了所有的制造业产品。在世界上有超过13 000家用户选择了 CATIA。CATIA 源于航空航天业,但其强大的功能已得到各行业的认可,在欧洲汽车业,已成为事实上的标准。CATIA 的用户包括波音、克莱斯勒、宝马、奔驰等一大批知名企业,其用户群体在世界制造业中具有举足轻重的地位。波音飞机公司使用CATIA 完成了整个波音 777 的电子装配,创造了业界的一个奇迹,从而也确定了 CATIA 在CAD/CAE/CAM 行业内的领先地位。

CATIA 数控加工模块包括车削加工(Lathe Machining)、2.5 轴铣削加工(Prismatic Machining)、曲面加工(Surface Machining)、高级加工(Advanced Machining)、NC 加工审视(NC Manufacturing Review)、STL 快速成型(STL Rapid Prototyping)等部分。

CATIA 数控加工模块用来定义和管理数控加工程序,使应用三维线框或实体造型设计完成的零件,能用2.5~5 轴的数控加工技术加工出来。它提供了便于应用和学习的图形界面,非常适合在面向生产现场的情况下使用。CATIA 的领先技术,加之 V5 版本的技术方法与 DELMIA(达索公司的一种制造过程规划和模拟的软件工具)的数字加工环境的紧密集成,可很好地满足办公室编程的需要。因此,CATIA 数控加工是协调办公室和生产现场制造活动的很好的解决方法。

CATIA 的集成后处理器使 NC 加工模块覆盖了从刀具轨迹（APT 数据和 Clfile 文件）产生到 NC 数据输出的全部过程。

7.6.10　HyperMill

OPEN MIND（奥奔迈）是一家德国的 CAM 公司，总部在慕尼黑。1995 年，OPEN MIND 参与了 Autodesk 和 Hewlett 的 CAM 模块的研究，就此开发出主要产品——HyperMill。1999 年，OPEN MIND 获得了独立的专利权，开始独立经营 HyperMill。

OPEN MIND 的主打产品是 HyperMill，其运行的平台主要有 Pro/ENGINEER Wildfire，Thinkdesign 及 Inventor series 等，主要接口有 Pro/ENGINEER，Unigraphics CATIA，SolidWorks 和 ParaSolid 等。公司的主要客户大多集中在航空航天和汽车领域，所涉及的产品主要是飞机发动机，当然也包括像英国麦凯伦车队的 F1 赛车等。OPEN MIND 公司的定位，是路线专注于 CAM，不再向 CAD 领域扩展，主要跟着机床厂的需求方向走高端路线。

7.6.11　Tebis

TEBIS 是德国一家专门从事 CAD/CAM 系统开发的软件公司，TEBIS 公司创建于 1984 年，其总部设在德国慕尼黑，公司成立之初的主要业务是为其他公司编制 NC 程序。其产品主要应用于汽车、航空航天、机床、冲压模具的制造等领域。Tebis 软件性能卓越，尤其是在 3~5 轴铣削加工的数控编程方面更是无与伦比，有 CAM 界的"奔驰"之称。Tebis 拥有世界一流的 CAD/CAM 专家，随时可为用户提供专家级解决方案。Tebis 软件在国际上已经得到广泛应用，拥有奔驰、宝马、福特等汽车行业的用户，以及像波音、空中客车之类的航空业的用户。Tebis 的用户主要来自于汽车与飞机制造业，包括这些行业大大小小的机床工具制造商、零部件供应商、外形设计商和模具制造商。其中，汽车行业的用户包括奥迪、戴姆勒克莱斯勒、宝马、大众、欧宝、福特、Seat、沃尔沃、Saab、本田、丰田和现代等。不论是 Tebis 的 CAD 模块还是它的 CAM 模块，都易学易用，这也是它拥有广泛用户群和高接纳度的主要原因之一。Tebis 加工效率卓越，在铣削加工中可以获得高品质的工件，进而让用户得到快速的软件投资回报率。

Tebis 软件涵盖了从 CAD 到 CAM 的全过程，主要包括新产品设计、零件设计、刀具与模具设计、从 2.5 轴加工到 5 轴联动的铣削加工与激光加工等的自动编程，以及质量管理模块等。特别需要指出的是，由于 Tebis 的造型设计已经考虑到如何提高制造过程的效率，所以 Tebis 的 CAM 用户会感到刀具路径生成时无与伦比的快捷。Tebis 不仅可以进行车间数控编程（WOP）和质量控制（CAQ）管理，同时也支持无纸化制造的文件在线浏览功能等。Tebis 所有的软件使用同一个数控库和统一的用户界面。这对于整个生产过程来讲是非常重要的。

7.6.12　Vericut

Vericut 是美国 CGTech 公司开发的、面向制造业的数控加工仿真软件，是当前全球数控加工程序验证、机床模拟、工艺优化软件领域的领先者。该软件自 1988 年推向市场以来，始终与世界先进的制造技术保持同步，采用先进的三维显示及虚拟现实技术，可以验证和检测 NC 程序可能存在的碰撞、干涉、过切、欠切、切削参数不合理等问题，被广泛应用于航空、航天、汽车、机车、医疗、模具、动力及重工业的三轴及多轴加工的实际生产中,成为行业的标准。Vericut 由 NC 程序验证模块、机床运动仿真模块、优化路径模块、多轴模块、高级机床特征模块、实体比较模块和 CAD/CAM 接口等模块组成。Vericut 可仿真数控车床、加工中心等多种加工设备的数控加工过程,也能进行 NC 程序优化,缩短加工时间、延长刀具寿命、改进表面质量,检查过切、欠切,防止机床碰撞、超行程等错误。Vericut 具有真实的三维实体显示效果,可对切削模型进行尺寸测量,并能保存切削模型供检验、后续工序切削加工;其具有 CAD/CAM 接口,能实现与 NX,CATIA,MasterCAM 等软件的嵌套运行。

Vericut 包含如下模块:

① Verification,仿真、验证、三轴铣削加工、钻孔、车削、车铣加工、线切割刀路验证。

② Machine Simulation,构建并模拟 CNC 机床和机床控制系统,准确检查机床碰撞。

③ OptiPath,自动修正进给速度,提高切削效率,提高零件表面质量。

④ Model Export,通过 IGES 或 STL 格式输出和实际加工一样的模型。

⑤ Multi-Axis,仿真并验证四、五轴的铣削加工,以及钻、车复杂的车铣联动机床操作。

⑥ CNC Machine Probing,在加工的任何阶段,创建和模拟 CNC 探测程序,通过探头仿真减少潜在错误并且节约探头设备费用。

⑦ Inspection Sequence,根据 Vericut 模拟所产生的过程加工特征,生成过程检测说明及工艺文档,可以节省时间、改进精度。

⑧ EDM Die Sinking,精确地仿真和验证 EDM 放电加工操作,检查过切、过烧/欠烧情况及材料的去除量、接触面积和电极叠加,支持多电极加工仿真。

⑨ AUTO-DIFF,通过比较设计模型和 Vericut 的"切削"模型,检测出零件过切和残余的材料,可以实施连续的过切检查。

⑩ Cutter / Grinder Verification,验证多轴磨削加工,为磨削仿真专门定制了一个操作简单的界面。

⑪ Cutter / Grinder Machine Simulation,多轴磨削机床的运动仿真,并且检查潜在的碰撞。

⑫ CAD/CAM Interfaces,通过从 CAD/CAM 软件系统内部直接读取数据,使验证刀路的操作变得更加容易、方便。

⑬ Model Interfaces,直接读取各种格式的设计模型文件,可以将这些模型作为毛坯、夹具、刀柄和机床模型,结合模型输出模块,Vericut 的切削模型可以分别输出为这些格式的模型文件。

7.6.13 Tecnomatix

Tecnomatix 软件是一套完善的数字化制造解决方案,它将所有制造学科,从工艺布局规划和设计、工艺过程仿真与验证到制造执行,与产品工程连接起来,有效地提高了生产制造效率,降低了成本,增强了企业竞争优势。Tecnomatix 可满足各种制造学科的需要,且在未来可进行系统扩展,以满足不断增加的新需求。其主要功能包括:① 质量管理;② 生产管理;③ 工厂设计及优化;④ 机器人和自动规划;⑤ 零件规划与验证;⑥ 装配规划与验证。

7.6.14 eM-Plant

eM-Plant 是一款具有易用性、灵活独立性及扩展开放性的仿真软件。在易用性上,利用图形化建模,应用模板对象及基本建模对象,使用户可以快速构建模型;在灵活性上,可利用内嵌的 SimTalk 语言,对模型进行详细控制,通过面向对象提高了重用性;在开放性上,它支持各类文本、数据库及 Excel 文件格式的通道,能够和 AutoCAD 等设计类软件进行数据交换。eM-Plant 应用非常广泛,既可以用于生产、物流,以及工程领域的分析、研究和教学,也可用来优化结构及实现对系统商业流程的控制。

思考与练习

1. 什么是数字化制造技术?
2. 数字化制造技术包括哪些关键技术?
3. 计算机辅助制造(CAM)包含哪些内容?
4. 简述数控编程技术的流程。
5. 列举常用的数字化制造软件及其特点。

第8章 NX CAM

8.1 NX CAM 概述

8.1.1 自动编程概述

数控加工是以计算机指令的方式控制机床动作的技术。数控设备动作的依据是数控代码——NC 程序。编制数控代码主要有手工编程和自动编程两种方式。手工编程从零件分析、工艺处理、数值计算、程序编写到程序校核均由人工完成,适合零件较为简单、加工程序较短的情况,而对于具有复杂几何外形的零件,自动编程较为合适。自动编程是从零件的三维模型直接获取加工程序的编程方法,对人工干预要求较少,大部分刀轨计算均由计算机完成,编程效率较高。一些复杂的零件、自由曲面的外形轮廓甚至只能使用自动编程方法才能完成数控加工。

自动编程一般不会产生可直接用于数控机床的加工代码,而利用各类自动数控编程软件时,由工件模型的几何特征与加工要求,选用合适的加工模板、切削方式、走刀方式、切削参数等,再对加工操作设置合理的工艺参数,得到正确的刀具轨迹(刀具位置文件)。这些刀位文件无法直接驱动数控机床,还需要通过自动编程软件的后置处理功能,将刀位文件转换为能被特定的数控机床驱动系统识别与接收的 NC 程序。

8.1.2 NX CAM 的功能与特点

NX 是一个 CAD/CAM 集成的三维软件,其 CAM 功能十分强大,可为数控铣、数控车、数控电火花切割、高速加工及多轴加工等进行自动数控编程。NX 提供了一整套从钻孔、线切割到 5 轴铣削的单一加工解决方案,在加工过程中的制造几何模型、加工工艺、优化和刀具管理上,都可以与设计的主模型相关联,保持最高的生产效率。NX CAM 由 5 个子系统模块组成,即交互工艺参数输入模块、刀具轨迹生成模块、刀具轨迹编辑模块、三维加工动态仿真模块和后置处理模块。

NX CAM 自动编程具有较多优点:

① 功能强大,适用范围广,各类数控编程均有应用,适合各类数控机床。

② 集成性好,CAM 功能与 CAD 在同一平台工作,可直接利用 CAD 创建的模型进行编程加工。不仅可以利用产品主模型进行加工编程,还可以利用装配模型进行加工编程。

③ 基于模板的编程方式可以方便地对加工进行定制,进行知识重组与重用,方便企业重复使用加工知识,避免重复性劳动。

④ 支持的数控系统种类丰富,后处理器支持各类加工系统,NX 后置处理模块包括通用的后置处理器,能够方便地建立用户定制的后置处理程序,且支持可视化交互。

⑤ 良好的加工动态仿真功能,可在线交互地仿真与检验现实 NC 刀具轨迹,无须使用机床数控系统即可高效地测试自动编程和处理好的 NC 程序,可显示材料去除过程,检验刀具、零件、夹具间是否发生碰撞与干涉,零件是否过切等,并支持一定中间半成品的着色显示。

⑥ 扩展性强,可依靠功能强大的 NX 二次开发功能,使用 MenuScript,NXOpen Ufun 等扩展接口对 CAM 功能进行进一步定制,得到深度符合企业要求的加工环境、定制界面和特殊刀轨。

8.2　NX CAM 自动编程

8.2.1　NX CAM 原理

NX CAM 加工模块,需要在 NX CAM 加工环境下操作和使用。若一个实体模型首次在加工应用环境中被打开,系统将打开加工环境对话框,要求用户对加工环境进行初始化。加工环境配置 NX 的加工,将 CAM 会话配置划分为通用加工配置、库加工配置、孔加工配置、车加工配置、型腔铣加工配置等。用户可根据零件的加工型面的几何特点、加工路线和加工要求等选择其中一种具体加工配置。

每一个 CAM 设置包括多个具体 CAM 功能。如若在"要创建的 CAM 设置"中选择了轮廓铣 mill_contour,则列表框中将显示相应的 CAM 设置,包括轮廓铣、平面铣、点位加工、孔加工和模具加工。

NX CAM 系统将数控加工涉及的资源大致划分为程序、刀具、方法和几何体。使用操作代表一个具体的加工动作。加工的工艺参数则包含在操作的参数设置中。程序中包含创建数控加工程序的节点位置;刀具则代表加工中使用的具体加工刀具,包括各类端头刀和平底刀等;方法代表创建加工的方法节点,一般指粗加工、半精加工或精加工;几何体代表了创建加工的几何节点,一般指加工涉及的毛坯和余量等。这些预定义的资源组,极大地方便了数控刀轨的创建、重用和管理。

NX 能够进行数控加工编程的全过程,其主要流程包括创建工件模型、进入加工模块、进行 NC 操作、创建刀路、进行加工仿真、加工后处理、生成 NC 代码,如图 8-1 所示。

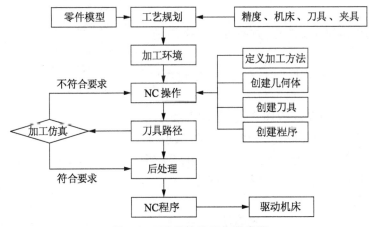

图 8-1　NX 数控编程主要步骤

8.2.2　NX CAM 典型步骤

1. 初始加工设置

（1）打开工件模型。选择下拉菜单"文件"单击"打开"命令，系统弹出"打开"对话框，如图 8-2 所示；选择目录文件"extracted"，单击"OK"按钮，系统进入建模环境。

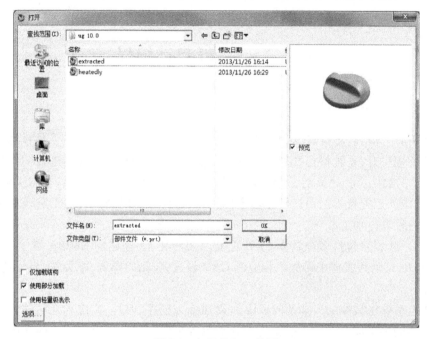

图 8-2　打开待加工模型

（2）进入加工模块。选择菜单 启动，单击 加工® 按钮，弹出"加工环境"对话框，如图 8-3 所示；在图 8-3 所示的"CAM 会话配置"中选择"cam_general"选项，"要创建的 CAM 设置"中选择"mill_planner"，进入加工模块。

2. 创建程序

程序主要用于排列加工次序，方便对加工操作进行管理。

（1）单击"插入"—"程序"，系统弹出"创建程序"对话框，如图 8-4 所示。

在"类型"中选择需要的程序类型，各程序类型如图 8-5 所示；在"位置"中选择"NC_PROGRAM"选项；输入程序名称"P1"，单击"确定"按钮，弹出"程序"对话框，如图 8-6 所示，单击"确定"，完成程序创建。

程序类型说明：

mill_planar　　　　　　　　　平面铣

图 8-3　进行 CAM 会话设置

mill_contour	轮廓铣
mill_multi-axis	多轴铣
mill_multi_blade	多轴铣叶片
mill_rotary	旋转铣
hole_making	钻孔
drill	钻
turning	车削
wire_edm	电火花加工
proding	探测
solid_tool	整体刀具
machining_knowledge	加工知识

图 8-4　"创建程序"对话框

图 8-5　设置程序类型

图 8-6　"程序"对话框

3. 创建几何体

创建几何体包括加工类型、几何体类型、几何体位置和名称。在数控加工中,要尽可能地将参考坐标、机床坐标和绝对坐标统一起来。

(1)选择菜单"插入"—"几何体",系统弹出"创建几何体"对话框,如图 8-7 所示。

(2)在"创建几何体"对话框中的"类型"中选择加工程序类型;在"几何体子类型"中选择 ;在"位置"选项中选择几何体;在"名称"选项中输入几何体名称。

图 8-7　几何体设置

几何体子类型说明:

MCS	机床坐标系,可建立机床坐标、设置安全距离及避让参数等。
WORKPIECE	工件几何体,用于定义工件毛坯。
MILL_AREA	切削区域几何体,用于定义切削区域、壁、修剪的几何体。
MILL_BND	边界几何体,用于定义部件边界、毛坯边界等。
MILL_TEXT	文字加工几何体,用于添加文本。

MILL_GEOM　铣削几何体,用于定义部件几何体、毛坯几何体、检查几何体等。

(3) 单击图 8-7 中的"确定"按钮,系统弹出"MCS"对话框,如图 8-8 所示,单击"机床坐标系"下的 ![按钮] 按钮,弹出"CSYS"对话框(如图 8-9 所示),设置机床坐标;在"参考坐标系"选项中勾选 ☑链接 RCS 与 MCS,统一机床坐标系和临时坐标系;在"安全设置"选项中设置安全平面。安全平面的创建可有效保证刀具的安全,避免撞刀。

图 8-8　MCS 坐标系设置

图 8-9　设置机床坐标

4. 创建工件几何体

(1) 选择"插入"—"几何体",系统弹出如图 8-7 所示的"创建几何体"对话框,在"几何体子类型"中选择 ![图标] ,"位置""名称"选项的设置同上,单击"确定"按钮,系统弹出"工件"对话框,如图 8-10 所示。

(2) 单击"几何体"选项中的"指定部件"按钮 ![图标] ,系统弹出"部件几何体"对话框,如图 8-11 所示。选中零件模型,单击"确定",系统返回"工件"对话框,"指定部件"完成,显示图标点亮。

图 8-10　"工件"对话框

图 8-11　部件几何体设置

(3) 单击"指定毛坯"按钮 ![图标] ,系统弹出"毛坯几何体"对话框,在"类型"选项中选择

"几何体",如图 8-12 所示,单击"确定"。

（4）单击"指定检查"按钮 ,系统弹出"检查几何体"对话框,如图 8-13 所示。选中零件模型,单击"确定",系统返回"工件"对话框。单击"确定",完成工件创建。

图 8-12　毛坯几何体设置　　　　　图 8-13　检查几何体设置

5. 创建刀具

刀具的定义直接关系到加工表面质量、加工成本和加工效率。

（1）单击"插入"—"刀具",系统弹出"创建刀具"对话框,如图 8-14 所示。

（2）按图 8-14 所示,选择"刀具子类型",输入刀具名称,单击"确定",系统弹出"铣刀-5参数"对话框,如图 8-15 所示。设置刀具尺寸、编号等参数,单击"确定",完成刀具设置。

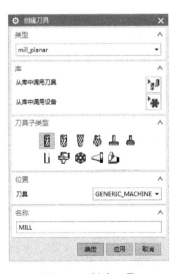

图 8-14　创建刀具　　　　　图 8-15　刀具参数设置

6. 创建加工方法

在零件加工的时候，需要经过粗加工、半精加工、精加工一系列步骤，它们之间的主要差异在于加工后的工件余量及表面粗糙度轮廓。可以通过对加工余量、几何体的内外公差和进给速度的加工方法进行设置，以控制加工余量。

（1）选择菜单"插入"—"方法"命令，系统弹出"创建方法"对话框，如图 8-16 所示。

（2）在"类型"选项中选择"mill_planner"，在"方法子类型"选项中选择"MILL_METHOD"，输入名称，单击"确定"，弹出"铣削方法"对话框。

（3）设置部件余量及公差。

（4）单击"确定"，完成加工方法设置。

7. 创建工序

因为加工工序所产生的刀具路径及参数等不同，所以用户需根据图样及工艺的要求选择合适的加工工序。

（1）选择操作类型。选择菜单"插入"—"工序"命令，系统弹出"创建工序"对话框，如图 8-17 所示。

图 8-16 方法设置

（2）在"类型"选项中选择"mill_contour"，在"工序子类型"选项中选择"型腔铣"，在"程序"选项中选择"P1"，在"刀具"选项中选择"MILL（铣刀-5 参数）"，在"几何体"选项中选择"WORKPIECE"，在"方法"选项中选择"FINISH"选项，单击"确定"，弹出"铣削方法"对话框。

图 8-17 创建工序设置

（3）单击"确定"，弹出"型腔铣"对话框，如图 8-18 所示。

（4）在"切削模式"选项中选择"跟随部件"，在"步距"选项中选择"刀具平直百分比"，在"平面直径百分比"文本框中输入相应的值，在"公共每刀切削深度"中选择"恒定"，设置相应的"最大距离"。

（5）单击"切削参数"按钮，弹出"切削参数"对话框，如图 8-19 所示。单击"余量"选项卡，设置部件余量及内外公差。单击"确定"，完成"切削参数"设置，系统返回"型腔铣"对话框。

图 8-18　"型腔铣"对话框

图 8-19　切削参数设置

（6）单击"非切削移动"按钮，弹出"非切削移动"对话框，如图 8-20 所示。单击"进刀"选项卡，在"进刀类型"选项中选择"螺旋"，设置其余参数。

（7）单击"确定"，完成"非切削移动"设置，系统返回"型腔铣"对话框。

（8）单击"进给率和速度"，弹出"进给率和速度"对话框，如图 8-21 所示。勾选"主轴速度"选项,并写入相应的值,在"切削"选项中输入相应的值并单击"确定"键,单击"切削"选项卡后的"基于此值计算进给和速度"。

（9）单击"确定",返回"型腔铣"对话框。

图 8-20 非切削参数设置

图 8-21 "进给率和速度"对话框

8. 生成刀轨

刀轨是指在 UG 窗口中显示的刀具运动轨迹。确认刀轨是对加工过程的动态模拟。

（1）在"型腔铣"对话框（图 8-18）中单击 ![icon]，系统生成刀轨,如图 8-22 所示。

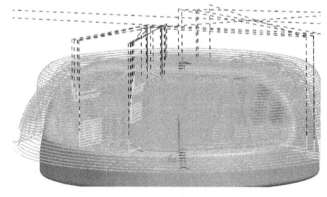

图 8-22 刀轨显示

（2）在"型腔铣"对话框中单击 ![icon]，系统弹出"刀轨可视化"对话框。

（3）单击"2D 动态"选项,单击 ▶ 按钮,系统即进入动态仿真,仿真加工结果如图 8-23 所示。

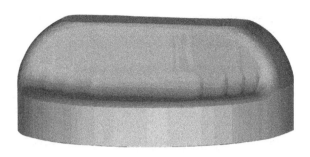

图 8-23　仿真加工结果

（4）单击"确定"按钮，系统返回"型腔铣"对话框，单击"确定"，完成型腔铣操作。

9．生成车间文档

车间文档包括零件的几何形状和材料、加工参数、工序、刀具信息、刀轨等信息，方便设计人员查询和使用。

（1）单击"车间文档"按钮 ，系统弹出"车间文档"对话框，如图 8-24 所示。

（2）在"报告格式"选项中选择"Operation List Select(HTML/Excel)"选项；在"输出文件"选项下选择输出文件位置。

（3）单击"确定"，系统弹出"信息"对话框，如图 8-25所示，该文档即为车间文档。

图 8-24　车间文档设置

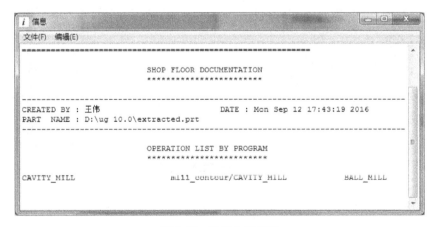

图 8-25　车间文档显示

10．后处理

在工序导航器中选中一组程序，用户可以利用后处理构造器生成后处理文件，将刀轨生成相应机床可使用的 NC 代码。

（1）右击工序导航器中的工序，选择"后处理"，系统弹出"后处理"对话框，如图 8-26 所示。

图 8-26　后处理设置

（2）在"后处理"对话框的"后处理器"选项中选择机床类型"WIRE_EOM_4_AXIS"，设置"输出文件"的名称与路径。

（3）单击"确定"按钮，系统弹出"信息"对话框，如图 8-27 所示。

（4）保存生成的加工代码。

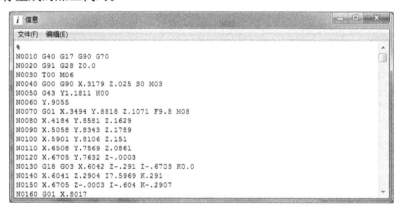

图 8-27　后处理结果显示

8.2.3　气缸盖加工工程实例

以气缸盖为例，介绍 NX 加工气缸盖部分位置的方法。

1. 打开零件模型，进入加工模块

（1）单击"打开"图标，然后单击目标文件，导入零件模型，如图 8-28 所示。

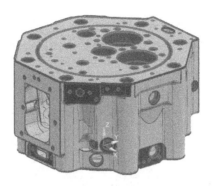

图 8-28　气缸盖模型

（2）分析零件结构，确定加工工序：粗铣端面—精铣端面—钻孔—铰孔—粗铣槽—精铣槽。

（3）单击"启动"—"加工"，系统弹出"加工环境"对话框。

（4）在选项卡中依次选择"cam_general""mill_planar"，单击"确定"按钮，系统进入加工模块。

2. 创建机床坐标系

（1）双击"MCS"，弹出"MCS 铣削"对话框，如图 8-29 所示。

（2）设置机床坐标系，"安全距离"设为 10 mm。

（3）单击"确定"按钮。

3. 创建几何体

（1）单击工序"导航器选项卡"。

（2）单击 切换到几何视图。

（3）在"工序导航器_几何"选项卡中，单击"MCS"选项下的"WORKPIECE"，系统弹出"工件"对话框。

（4）依次选择"指定部件""指定毛坯""指定检查"。

（5）单击"确定"按钮，完成几何体创建。右击"毛坯"，选择"隐藏"，完成毛坯创建，如图 8-30 所示。

图 8-29　"MCS 铣削"对话框

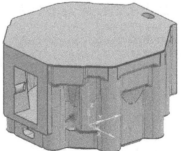

图 8-30　几何体设置

4. 创建刀具

（1）单击 ，弹出"创建刀具"对话框。

（2）选择"刀具子类型""MILL"，输入名称"MILL_D30R2"，单击"确定"按钮。

（3）设置刀具参数，如图 8-31 所示，单击"确定"，完成刀具 1 的创建与设置。

（4）创建刀具 2，设置如图 8-32 所示。

（5）创建刀具 3，设置如图 8-33 所示。

图 8-31　刀具 1 设置

图 8-32　刀具 2 设置

图 8-33　刀具 3 设置

5．选择机床

（1）双击"工序导航器_机床"下的"GENERIC_MACHINE"，弹出"通用机床"对话框，如图 8-34 所示。

（2）从库中调用机床"sim01_mill_3ax_fanuc_mm"，弹出"部件安装"对话框，如图 8-35 所示。设置"定位""工件部件"。

（3）单击"确定"按钮。

图 8-34　"通用机床"对话框

图 8-35　"部件安装"对话框

6. 创建工序

（1）端面粗加工

① 单击 （此处为按钮）按钮，各设置如图 8-36 所示。

② 单击"确定"按钮，系统弹出"底壁加工"对话框，设置"指定切削区底面"，切削区底面如图 8-37 所示，单击"确定"按钮。"切削模式"设置为"跟随周边"。设定"进给率和速度"参数，如图 8-38 所示。

③ 单击 （按钮），生成刀轨，如图 8-39 所示。单击"确定"，完成端面粗加工工序创建。

图 8-36　端面粗加工工序设置

图 8-37　指定切削区底面

图 8-38　进给率和速度设置

图 8-39　端面粗加工刀轨

（2）端面精加工

方法同端面粗加工。创建工序选项卡中"方法"选择"MILL_FINISH"，"进给率和速度"设置如图 8-40 所示。单击 （按钮），生成刀轨，如图 8-41 所示。单击"确定"，完成端面精加工工序创建。

图 8-40　端面精加工参数设置

图 8-41　端面精加工刀轨

（3）钻孔

① 单击 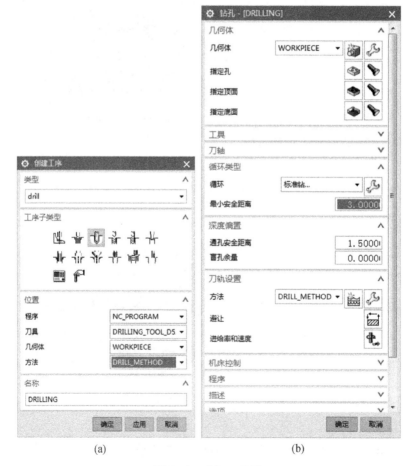 ，系统弹出"创建工序"对话框，设置如图 8-42 a 所示。

② 单击"确定"，系统弹出"钻孔"对话框，设置如图 8-42 b 所示。

(a)　　　　　　　　　　(b)

图 8-42　孔加工设置

（4）铰孔

① 单击 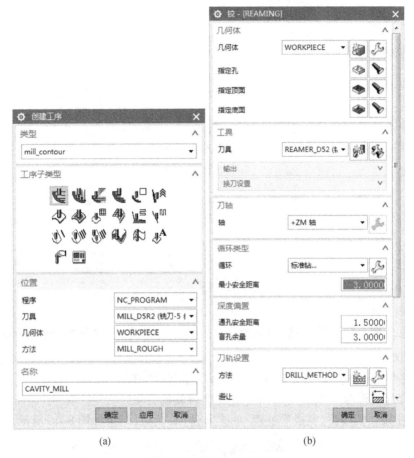，系统弹出"创建工序"对话框，设置如图 8-43 a 所示。

② 单击"确定"，系统弹出"铰"对话框，设置如图 8-43 b 所示。

(a)　　　　　　　　　　　　　(b)

图 8-43　铰孔加工设置

（5）粗铣环槽

① 单击 ，系统弹出"创建工序"对话框，设置如图 8-44 a 所示。

② 单击"确定"系统弹出"型腔铣"对话框，设置如图 8-44 b 所示。

（6）精铣环槽

单击 ，系统弹出"创建工序"对话框，设置完成后，单击"确定"，系统弹出"型腔铣"对话框，设置如图 8-45 所示。

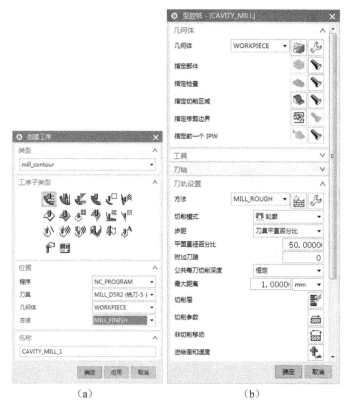

(a)　　　　　　(b)

图 8-44　粗铣环槽加工设置

图 8-45　精铣环槽加工设置

7. 后处理

(1) 右击"工序导航器"中的"GEOMETRY"，选择后处理。

(2) 选择后处理器"MILL_3_AXIS"，指定文件输出目录。

(3) 单击"确定"按钮，完成后处理，系统生成 NC 代码，结果如图 8-46 所示。

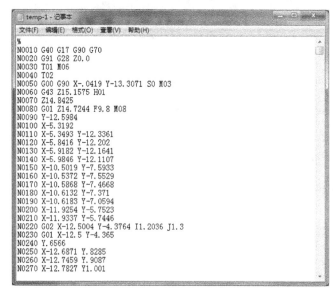

图 8-46　后处理结果显示

8．车间文档

单击 ，系统弹出"车间文档"对话框，如图8-47所示。选择报告格式，指定输出文件位置，输出车间文档，如图8-48所示。

图8-47 车间文档设置

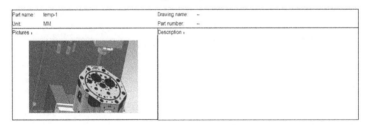

图8-48 车间文档显示

思考与练习

1. 体、实体和特征三者间的关系？
2. UG NX CAM 由哪几个模块组成？
3. 列举出常见的数控加工指令。
4. 简述 NX CAM 加工过程。
5. NX 库主要包含哪些内容？
6. 平面铣进刀类型有哪些？
7. 轮廓铣进刀类型有哪些？
8. 型腔铣进退刀有哪些注意事项？
9. 插铣进退刀有哪些注意事项？
10. 点位加工有哪些注意事项？
11. 简述固定轴曲面轮廓铣的加工原理。
12. 列举使用 NX 后置处理器的注意事项。

第9章　eM-Plant 仿真

9.1　eM-Plant 概述

9.1.1　工厂仿真概述

厂企的目的是为了获得利润。良好的产品设计可以增加潜在的收入,但最终有多少潜在收入能够转化为实际的利润是由工厂决定的。工厂仿真技术是对一个相对完整的工厂,从生产线、加工单元到工序过程的所有层次进行设计、物流仿真和优化的技术。工厂仿真能实现生产系统与制造过程的建模与仿真,从而在开始实际安排生产和布置厂房前即可确保获得最高的作业效率,通过分析在计算机虚拟环境中的虚拟工厂中仿真的结果,避免在真实工厂中浪费资源。

9.1.2　工厂仿真的功能与特点

系统是由相互作用、相互制约的对象组成的具有特定功能的有机整体。工厂仿真亦不例外。系统可分为连续系统和离散事件系统(通常也被简称为离散系统)。连续系统状态的变化在时间上是连续的;离散事件系统的状态变化在空间和时间上都是离散的,且往往又是随机的。离散事件系统具有如下特点:

① 系统状态变化只出现在驱动事件发生的瞬时,驱动事件的发生通常是在离散的时间点上,即系统状态变化在时间上是离散的。

② 系统状态的变化可能会呈现并发性,具体表现是一个离散事件的发生可能会导致系统内其他或者全部变量的跃变。

③ 系统状态的变化通常是按不确定性处理的,但是在某些特定的情况下,可以假设系统状态变化是确定性的。

④ 传统的差分方程和微分方程无法描述离散生产系统。

采用工厂仿真,典型的应用有:a. 汽车装配生产线布局规划。车间布局对汽车装配流程各方面性能的发挥有重要影响,从焊接到涂装,到动力安装到最终的装配过程,车间的合理布局为实现长期盈利、生产流水线耐久性及维护性奠定了基础。b. 高速铁路维修调度研究。德国汉堡高速铁路维修中心自20世纪90年代开始,采用eM-Plant建立维修排班的仿真模型,得到以甘特图形式给出的实际维修顺序的仿真模型,在此基础上,调度人员能够合理安排维修任务,保证高速列车能够按时完成各项维修工作。c. 化工厂企可以使用工厂仿真分析产能及寻找最优的生产和配送过程,比较分析不同的生成控制策略。d. 1998年开始,著名的 Meyer-Werft 采用 eM-Plant 系统,规划、模拟和优化其生产系统,通过工厂仿真开发和评估备选方案,使生产系统优化变得更容易,大大提高了其规划制造过程。厂企沪东重机也采用 eM-Plant 进行了生产计划仿真。

9.2 eM-Plant 仿真

9.2.1 eM-Plant 原理

离散事件系统仿真实质上是对由随机系统进行定义的,用逻辑方式或数值方式描述的动态模型的处理过程。根据处理方式的不同,可以将离散事件系统仿真分为以下两类。

(1) 面向过程的离散事件系统仿真

面向过程的仿真方法的研究对象主要是模型中实体的活动以及仿真过程中的事件,这些活动或事件的发生是按时间先后顺序排列的。而仿真时钟根据这些活动或事件的发生顺序向前推进,在当前仿真时刻,仿真进程需要判断触发当前实体活动停止的条件是否满足或下一个事件开始的时刻。在完成当前仿真时刻的系统状态变化操作后,将仿真时钟推进到下一个最早的活动或事件的开始时刻。不断重复以上过程,直到仿真结束。

(2) 面向对象的离散事件系统仿真

在面向对象的仿真中,以对象来描述组成系统的实体。对象包含属性、活动和消息这三个基本要素,每个对象都是封装了对象属性及其行为的自主模块,对象之间通过消息传递建立联系。面向对象的仿真尤其适用于各个实体相对独立、以信息建立联系的系统中,如机械制造加工系统、武器攻防对抗系统及航空管理系统等。与面向过程的仿真方法相比,面向对象的仿真方法具有显著的优点:

① 系统中相同的对象可在不同的项目中重复使用;

② 设计者更容易理解系统;

③ 如果系统功能发生改变,采用面向过程方法建立的模型将完全无法使用,而采用面向对象方法建立的模型只需要对操作进行相应的修改即可再次使用,即面向对象的方法具有可扩展性。

eM-Plant 仿真软件中,将基本的建模对象分为 4 类,物流对象(Material Flow Object)、信息流对象(Information Flow Object)、用户接口对象(User Interface Object)和移动对象(The Moving Units)。物流对象代表机床和传送带等设备,信息流对象控制设备何时运行及如何运行,用户接口提供流水线上整体或局部设备的运行结果,并以图表的形式显示出来。移动对象代表被加工的零部件。这些基本对象,除用户接口对象外,都可以被按照是否具有自主移动或控制其他对象的能力,继续细分为"主动"对象和"被动"对象。

eM-Plant 通过在软件中建立仿真模型、校准确认模型、实验设计和模型分析 3 个环节,经过多次循环,反复调整、验证和确认,达到对工厂布局和物流过程进行仿真和优化的目的。

9.2.2 eM-Plant 仿真对象分析

本章基于 eM-Plant 软件,对柴油机主体机加工和装配工序进行模拟仿真。工厂物流仿真的对象包括柴油机主体部分的机架、曲轴、轴承、连杆、活塞、缸盖。按照常见柴油机厂家的分布形式,将零件分为大件和小件。大件包括机架和曲轴,具有较大重量和体积,其加工设备主要为龙门铣床和刨床,车铣复合和专用的曲轴加工机床。机架的加工部位和工序较多,属于复杂的箱体类零件,船用柴油机机架一般由铸造或焊接成型。曲轴的加工精度较高,是柴油机企业生产的关键件。小件包括连杆、活塞和缸盖。这类零件体积和重量适中,常见的数控铣床和加工中心即可加工。连杆一般锻造成型,其大小端孔的加工精度要求较高,需要精镗,其上还有需采用深孔钻的油孔。缸盖是典型的小型箱体类零件,一般采用加工中心加工,可显著提高生产效率。轴承一般采用外购的方式。

本章简述柴油机生产仿真过程,将其生产过程划分为机械加工和装配,对应的车间划分为大件和小件车间,分别生产大件和小件。

为简化仿真建模过程,大件安排两台机床进行加工,小件也仅安排两台机床进行加工。两台机床分别代表了不同自动化程度的设备,其耗时不同。在总装车间,安排组装工位进行加工,将机架、曲轴、连杆、缸盖和轴承、活塞等进行装配,产出装配好的柴油机。

整个仿真从生产布局和设备调度、资源分配的角度进行精简,可以反映出投产某型号柴油机时需要配置多少设备和资源;在生产线改造或者混线生产时,可以进行优化,确定是否需要增加更多的设备和人力;在生产过程中,可以仿真得到生产过程中的瓶颈设备和稀缺资源,进行合理调度与优化。

典型的 eM-Plant 建模与仿真主要包括五大步骤:首先对需要分析的生产过程或物流对象进行分析,提取其主要影响因素,剔除次要因素,抓住主要矛盾,为建模与仿真进行合理规划,对主要设备和资源进行抽象,将其归类;接着使用 eM-Plant 软件中的物流对象、信息流对象、用户接口对象和移动对象,对生产过程进行建模,一般在生产建模时首先建立物流对象,设置各物流对象的属性,再根据需要设置合适的信息流对象和接口对象;接着使用建立好的模型进行仿真运行,经过调试,使得整个模型能够合理地再现实际生产中的生产过程,在此基础上使用用户接口对象中的图表和观察器等观察各个指标情况,主要包括生产率、设备闲置率、设备效率、生产线周转率、零部件等待时间等;在得到各项指标后,分析影响指标的主要因素,更改这类因素,并进一步更改模型,对生产过程进行改造;最后在改造之后的生产线上进一步仿真,得到新条件下的各项指标,并进行对比,即可完成仿真过程,得到优化的生产线。

9.2.3　eM-Plant 生产瓶颈分析及改造

1. 实验分析

柴油机生产企业将其主要部件分为大件和小件,大件包括机架和曲轴;小件包括连杆、活塞、缸盖和轴承其中轴承采购。本次仿真主要以这六类柴油机零部件为仿真对象。

2. 生产建模

（1）零件设置

将一个 Container 从 MUs 拖动到 Models 下,将其名称改为 frame,代表机架,注意确保其尺寸设置和容量设置要大于待装配的其余小零部件之和,如图 9-1 所示。

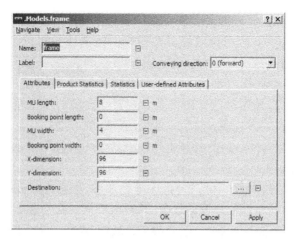

图 9-1　机架零部件设置 frame

将一个 Entity 从 MUs 拖动到 Models 下，将其名称改为 shaft，代表曲轴，如图 9-2 所示。

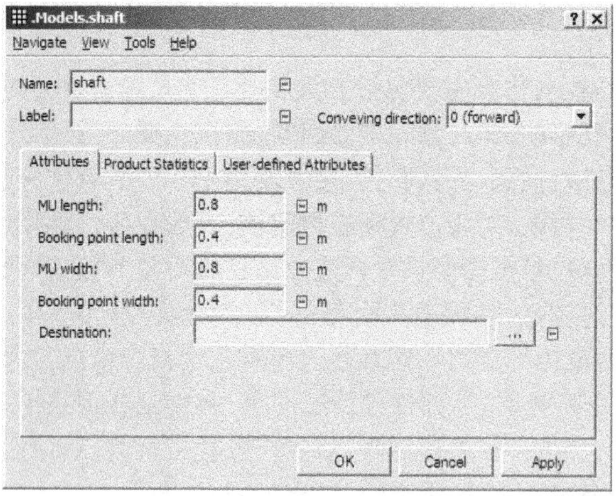

图 9-2　曲轴零部件设置 shaft

使用类似方法设置 rod，head，piston 和 bear，它们分别代表连杆、缸盖、活塞和轴承，如图 9-3 所示。

（2）曲轴加工设置

曲轴加工使用特定的曲轴加工机床。在 Models 中新建 Lathe 子框架，代表曲轴加工的车间工厂。放置两个 Interface 代表加工车间的输入与输出接口，名为 Lathe1 和 Lathe2 的 SingleProc 主动物流对象，名为 Buffer 的 Buffer 对象代表车间中的库存区域，并用 Connector 连线将其连接起来，如图 9-4所示。

图 9-3　连杆、缸盖、活塞和
轴承零部件设置

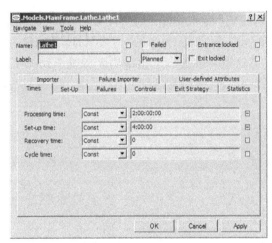

图 9-4　曲轴加工 Lathe 车间设置

图 9-4 中，Lathe1 和 Lathe2 代表两台不同新旧程度的机床。Lathe1 的处理时间和装夹时间较 Lathe2 的长。Lathe1 设置"Processing time"为"2：00：00：00"，"Set-up time"为"4：00：00"；Lathe2 设置"Processing time"为"1：12：00：00"，"Set-up time"为"4：00：00"，如图 9-5 和图 9-6 所示。Buffer 设置按照默认配置。

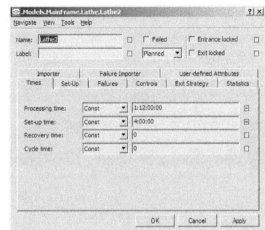

图 9-5　Lathe1 设置　　　　　　　　　　**图 9-6　Lathe2 设置**

（3）大件厂设置

大件加工使用大型铣床加工机架。在 Models 中新建 MillBig 子框架，代表机架加工的车间工厂。放置两个 Interface 代表车间的输入与输出接口，名为 Mill1 和 Mill2 的 SingleProc 主动物流对象，名为 Buffer 的 Buffer 对象代表车间中的库存区域，并用 Connector 连线将其连接起

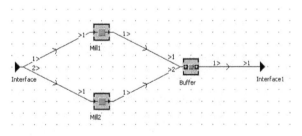

图 9-7　机架加工 MillBig 设置

来，如图 9-7 所示。Mill1 的处理时间和装夹时间较 Mill2 的长。Mill1 设置"Processing time"为"2：00：00：00"，"Set-up time"为"4：00：00"。Mill2 设置"Processing time"为"1：12：00：00"，"Set-up time"为"4：00：00"。Buffer 设置按照默认配置。

（4）小件厂设置

小件厂加工连杆、缸盖和活塞。在 Models 中新建 MillSmall 子框架，代表小件加工的车间工厂。放置一个 Interface 代表车间的输入接口，放置三个 Interface 代表车间的连杆、缸盖和

活塞输出接口，名为 Mill1 和 Mill2 的 SingleProc 主动物流对象，名为 BufferHead，BufferRod 和 BufferPiston 的 Buffer 对象代表车间中的库存区域，并用 Connector 连线将其连接起来，如图 9-8 所示。

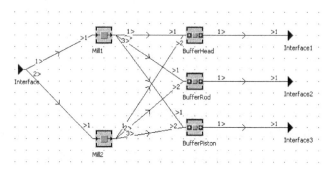

图 9-8　小件车间 MillSmall 设置

Mill1 和 Mill2 的处理时间和装夹时间一致，均设置"Processing time"为"6:00:00"，"Set-up time"为"30:00"，如图 9-9 所示。设置 Mill1 和 Mill2 的"Exit Strategy"为依据 Mu 的属性进行分配，根据其名称设置其后续的输出接口。其退出策略设置和退出策略表如图 9-10 和图 9-11 所示。其中 Mu 属性类型设置为"String"字符串类型，表中的后续 1，2，3 与图 9-8 中连线上的 1，2，3 标示相对应。

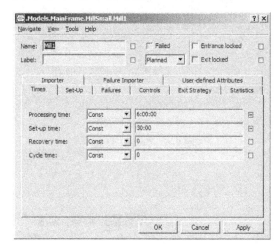

图 9-9　小件车间中的 Mill1 设置　　　**图 9-10　小件 Mill 的退出设置**

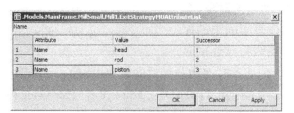

图 9-11　小件 Mill 的退出策略表

BufferHead，BufferRod，BufferPiston 的设置按照默认配置，但容量调整为"20"，如图 9-12 所示。BufferHead 连接 Interface1，BufferRod 连接 Interface2，BufferPiston 连接 Interface3，分别代表缸盖、连杆和活塞的输出。

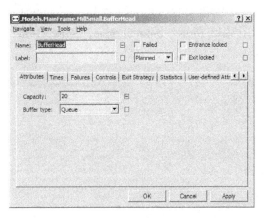

图 9-12　小件车间的 BufferHead 设置

（5）总体装配设置

总体装配代表整个柴油机加工与生产的运行，将刚刚创建的 MillBig，Lathe，MillSmall 作为层次子结构拖放到工作区中，并添加 6 个 Source 物流对象，作为 6 种零部件的输入入口。放入一 Assembly 物流对象作为柴油机装配的工作台，并在其之后放置 Buffer 作为等待出厂区，最后放入 Drain 代表已生产好的柴油机出厂（实际柴油机生产中还有更多的工序和零部件及试车等工作，本书仅以这些步骤代表主要的工作流程），如图 9-13 所示。注意 MillSmall 与 Assembly 有三通路连接，分别代表缸盖、连杆和活塞的通路。

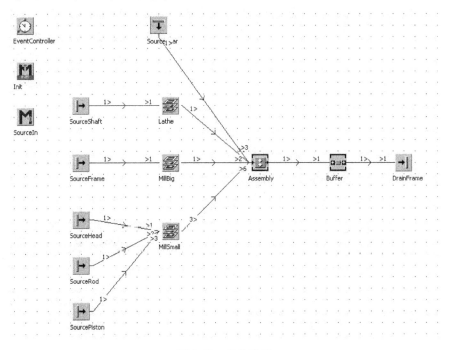

图 9-13　总装设置

图 9-13 中的 SourceBear 代表轴承 Bear 的输入，SourceShaft 代表曲轴 shaft 的输入，SourceFrame 代表机架 frame 的输入，SourceHead 代表缸盖 head 的输入，SourceRod 代表连杆 rod 的输入，SourcePiston 代表活塞 piston 的输入。

设置 SourceBear 的属性中物流对象 Mu 为轴承 bear，SourceShaft 的属性中物流对象 Mu 为曲轴 shaft，如图 9-14 和图 9-15 所示。SourceFrame，SourceHead，SourceRod，SouncePiston 的设置与 SourceBear 类似。

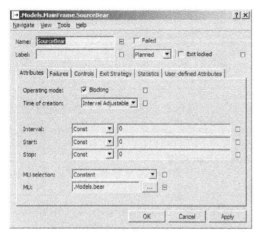
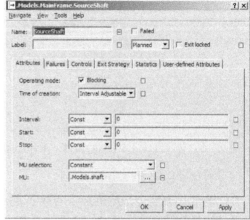

图 9-14　轴承的输入 SourceBear 设置　　　　图 9-15　曲轴的输入 SourceShaft 设置

Assembly 装配设置如图 9-16 所示。设置其处理时间"Processing time"为"2∶00∶00∶00"，准备时间为"4∶00∶00"。设置其装配表格为根据前续物流对象。主装配 Mu 来自于前续第 2 个物流对象，即产生 Container 类型的机架对象，装配方式为附加 Mu（Attach MUs），出口对象为主 Mu。前续物流对象表格设置如图 9-17 所示。其中的前续 Predecessor 列中的序号与框架中连接的编号对应，数目 Number 列表示装配一台套柴油机需要的对应零部件数量。本例设置为需要 1 个曲轴、2 个轴承、12 个缸盖、12 个连杆和 12 个活塞。（注意：主移动对象机架 frame 并不存在于该表之中。）

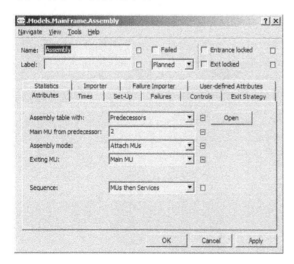

图 9-16　装配的 Assembly 设置　　　　图 9-17　装配 Assembly 表格设置

将以上对象设置好后,使用 EventController 进行仿真,确定物流对象可以顺利地从各个 Source 中传递运输到 Drain 之后,即完成了初步的物流过程建模。

3. 生产分析

为分析柴油机企业的生产瓶颈,在工具面板中添加瓶颈分析工具 BottleneckAnalyzer,并且将 EventController 中的仿真时长设置为 90 天,即"90:00:00:00",如图 9-18 所示。进行仿真,结果如图 9-19 所示。瓶颈分析中小图形中的绿色表示实际生产加工的时间比例,黄色表示阻塞的时间比例,显而易见,装配工作台的等待,导致 90 天仅能生产约 17 台柴油机,远低于理论上的最高产量。

图 9-18　仿真 EventController 设置

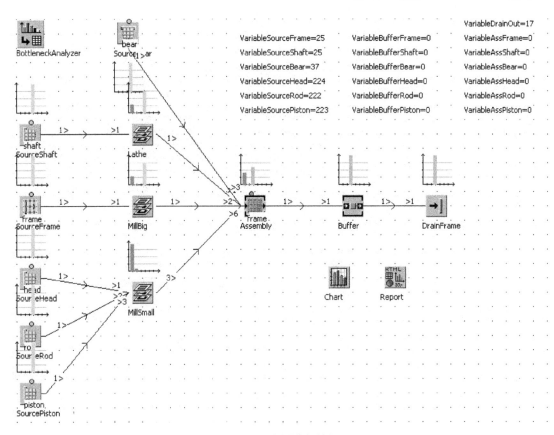

VariableSourceFrame=25　　VariableBufferFrame=0　　VariableAssFrame=0
VariableSourceShaft=25　　VariableBufferShaft=0　　VariableAssShaft=0
VariableSourceBear=37　　VariableBufferBear=0　　VariableAssBear=0
VariableSourceHead=224　　VariableBufferHead=0　　VariableAssHead=0
VariableSourceRod=222　　VariableBufferRod=0　　VariableAssRod=0
VariableSourcePiston=223　　VariableBufferPiston=0　　VariableAssPiston=0
VariableDrainOut=17

图 9-19　瓶颈分析结果

4. 生产改造

观察图 9-19,可以看到 MillSmall 表示的小件厂中的生产时间占比很高,而 MillBig 表示的大件厂和 Lathe 表示的曲轴厂的生产时间占比较少,等待时间较长。其原因是装配工作的 Assembly 中每装配一台柴油机,需要 12 台套的活塞、连杆和缸盖,超过一半的时间是工作台上的设备在等待小件厂生产的零部件,进而导致大件厂和曲轴厂的零部件等待,故需提高小件厂的生产能力。首先用成本较少的办法减少机床的加工时间。如将两台小件厂的机床加工时间从 6:00:00 减少到 5:00:00,则 90 天生产的柴油机可达 21 台,Lathe 和 MillBig 及 Assembly 等待的时间占比也相应减少,如图 9-20 和图 9-21 所示。

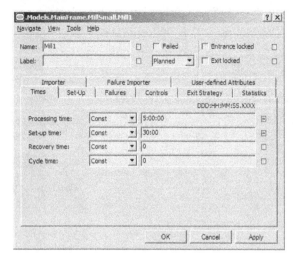

图 9-20　减少机床的加工时间

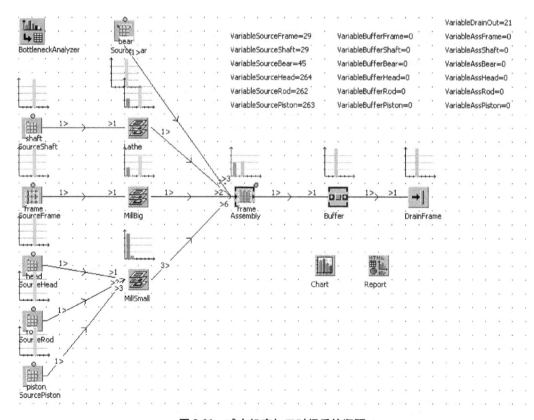

图 9-21　减少机床加工时间后的瓶颈

为了进一步提高小件厂的生产能力,考虑购进新的高性能加工机床,分别命名为 MillNew 和 MillNew2,其加工时间为 3:00:00,较原先的机床生产效率更高,时间设置如图 9-22 所示。

使用瓶颈分析后,其情况如图 9-23 所示。可以看到 90 天可生产 42 台柴油机,装配工作台的生产时间占比有了极大的提高。

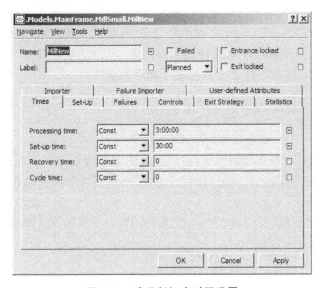

图 9-22　购进新机床时间设置

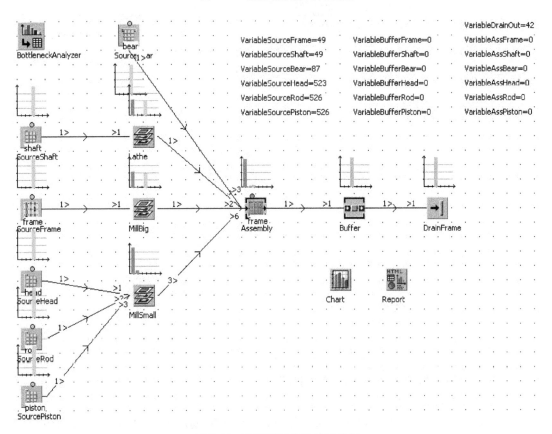

图 9-23　购进新机床的瓶颈分析

5．改造思考

90 天生产 42 台柴油机,单台柴油机装配处理时间需要 2 天,设置准备时间需要 4 小时,基本接近 90/2 =45 的极限加工产能。若需进一步提高产能,则需进一步提高小件厂的生产效率和增加装配工作资源,如采购更多的小件机床,将装配工作时间提高到 1 天或者进一步增加装配工作台。黄色表示的多余曲轴和大件产能,可以用来外协加工其他零部件。这也是大多数柴油机企业在需求不那么多的情况下通常的做法。

9.2.4 eM-Plant 人力仿真及调度

1．实验分析

前述的仿真未考虑人力资源的要素,即认为机床无须考虑操作人员即可工作,这在实际生产中是无法实现的。为此,增加机床操作人员,并对其进行仿真。仿真限于小件厂内。

2．生产建模

从资源工具栏中拖放工位 WorkPlace、步道 FootPath、工作站 WorkPool 和调度 Broker 至小件厂的工作区内,如图 9-24 所示。

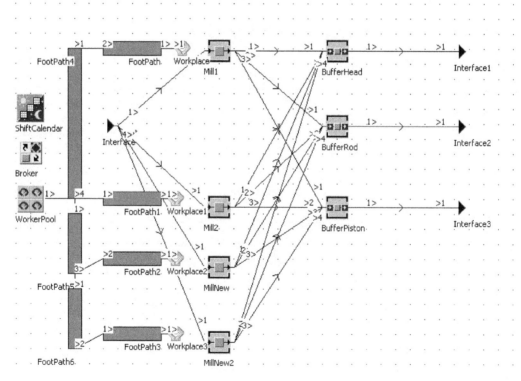

图 9-24 小件厂增加机床操作人员

步道长度设置横向均为 4 m,竖向分别为 10,4,4 m,设置界面如图 9-25 所示。工位设置时将工位对应的机床设置为旁边的对应机床,如图 9-26 所示。

为使机床调度人力资源有效,需将服务启动,并设置好调度者,设置如图 9-27 所示。工作站 WorkPool 设置如图 9-28 所示。工作时间表如图 9-29 所示。

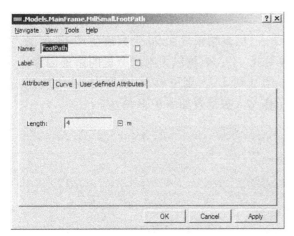

图 9-25　步道设置

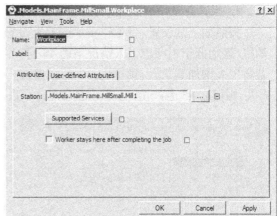

图 9-26　工位设置

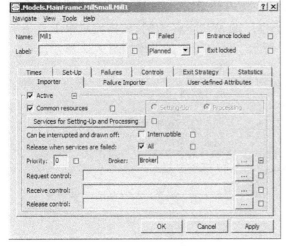

图 9-27　机床设置

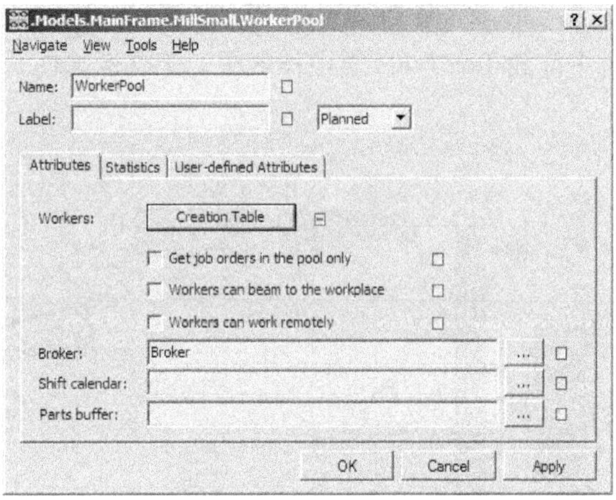

图 9-28　工作站设置

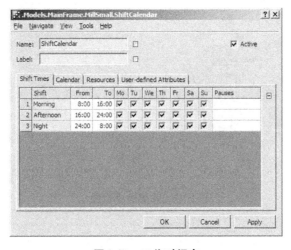

图 9-29　工作时间表

3. 生产分析

按照如上的设置,将工作站中的工人设置为 1 人,仿真结果表明 90 天只能生产 13 台柴油机,远远低于不考虑工人情况下的 43 台。明显可见,工人数量成为限制产量的重要因素。若将工人增加到 2 人,则可有 26 台产出,进一步增加到 3 人,则可有 39 台产出;若增加到 4 人,则可有 43 台产出,与不考虑人力时一致。工作站人数设置如图 9-30 所示。

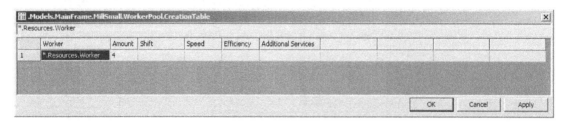

图 9-30　工作站人数设置

在考虑人力资源的基础上,进一步考虑零部件在场内的运输,柴油机企业一般采用较多的吊车,在 eM-Plant 中使用 TurnTable 代表。以小件厂的 MillSmall 为例,从物流对象工具条中拖放 TurnTable 至工作区中。工作区如图 9-31 所示。TurnTable 的设置如图 9-32 所示。

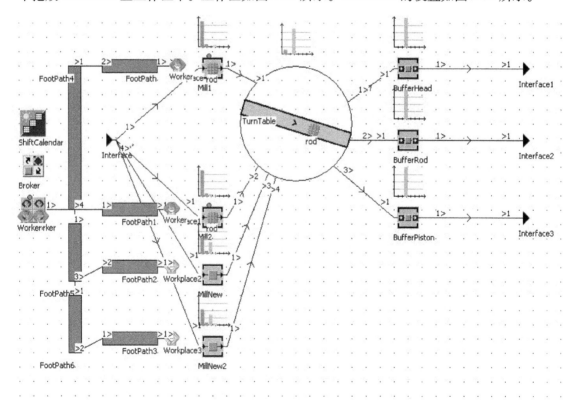

图 9-31　物流运送设置

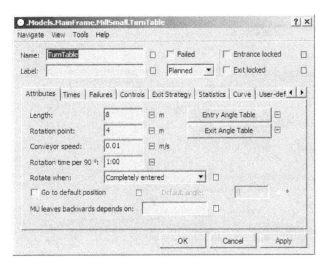

图 9-32　TurnTable 设置

考虑运输之后,由于运输与吊装过程会占用一部分时间,90 天生产能力降至 41 台。为防止在工作中发生设备故障,新增一台吊车,使用两台同时吊装,如图 9-33 所示。

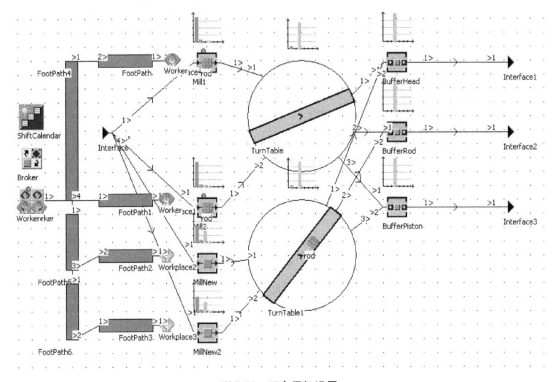

图 9-33　两台吊机设置

4. 分析改造

为进一步提高生产效率,在小件工厂中采用双工作站,各配置 4 个工人操作人员,新增至 9 台机床,新机床处理时间缩减至 2:00:00,并配套增加一台吊机。总体布置如图 9-34 所示。新加机床设置如图 9-35 所示。

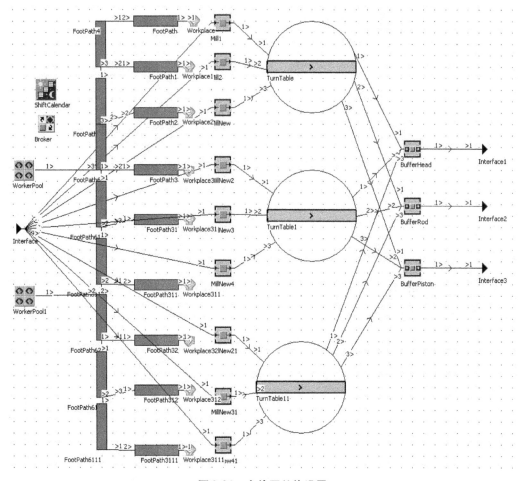

图 9-34　小件厂总体设置

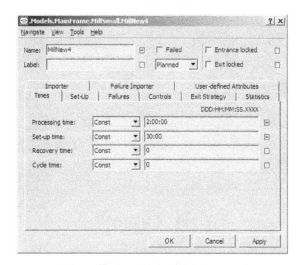

图 9-35　新加机床设置

　　为能够监视生产数目情况,增加若干变量,代表输入和输出的零部件数量。并且增加方法,命名为 SourceIn 和 DrainOut,其功能是在输入和输出时对零部件数量进行计算。增加 Init

方法,如图 9-36 所示,用以在重启生产线仿真时清空这些变量值并置 0。SourceIn 设置与
DrainOut 设置如图 9-37 和图 9-38 所示。将 SourceIn 分配给所有 Source 物流对象的输入策
略,如图 9-39 所示。将 DrainOut 分配给 Drain 物流对象的输出策略,如图 9-40 所示。

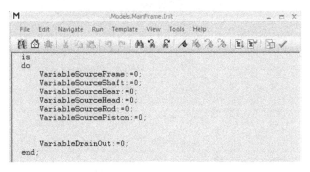

图 9-36　Init 方法设置

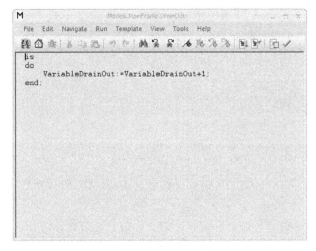

图 9-37　SourceIn 方法设置

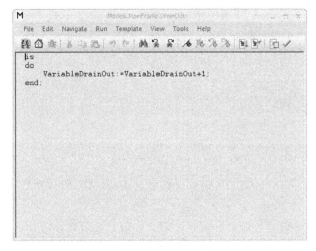

图 9-38　DrainOut 方法设置

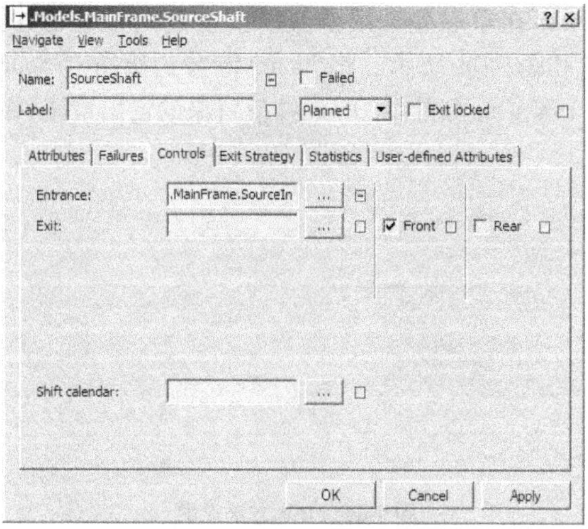

图9-39　Soure 出口策略设置

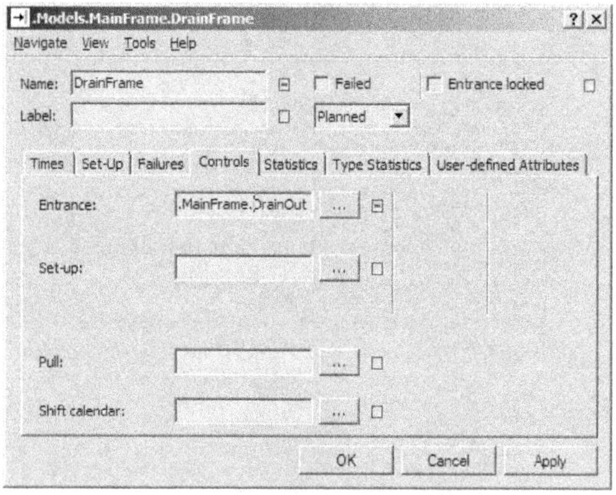

图9-40　Drain 出口策略设置

为监视生产情况，在主装配框架中增加一表格，设置如图 9-41 所示。其输入数据表格如图 9-42 所示，图表输出类型和输出标签如图 9-43 和图 9-44 所示。

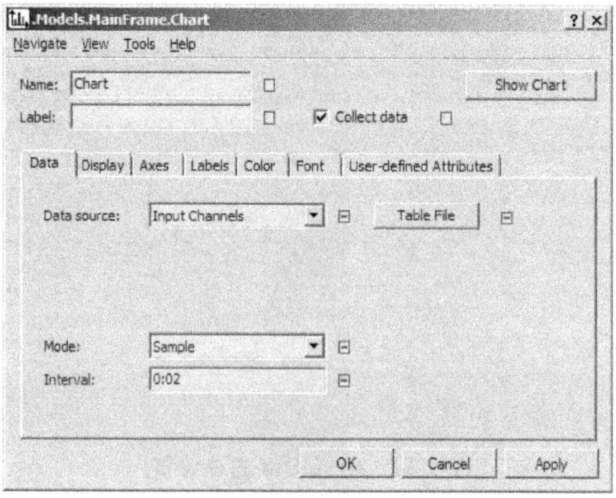

图9-41　图表 Chart 设置格式

Assembly.statWorkingPortion

	string 0	string 1	string 2	string 3	string 4	string 5	string 6	string 7	string 8
string		Assembly	Lathe1	Lathe2	Mill1	Mill2	Small1	Small2	
1	正在工作	Assembly.statWorkingPortion	Lathe.Lathe1.statWorkingPortio	Lathe.Lathe2.statWorkingPortio	MillBig.Mill1.statWorkingPortion	MillBig.Mill2.statWorkingPortion	MillSmall.Mill1.statWorkingPortio	MillSmall.Mill2.statWorkingPortio	
2	正在设置	Assembly.statSetupPortion	Lathe.Lathe1.statSetupPortion	Lathe.Lathe2.statSetupPortion	MillBig.Mill1.statSetupPortion	MillBig.Mill2.statSetupPortion	MillSmall.Mill1.statSetupPortion	MillSmall.Mill2.statSetupPortion	
3	正在等待	Assembly.statWaitingPortion	Lathe.Lathe1.statWaitingPortio	Lathe.Lathe2.statWaitingPortio	MillBig.Mill1.statWaitingPortion	MillBig.Mill2.statWaitingPortion	MillSmall.Mill1.statWaitingPortion	MillSmall.Mill2.statWaitingPortion	
4	已堵塞	Assembly.statBlockingPortion	Lathe.Lathe1.statBlockingPortio	Lathe.Lathe2.statBlockingPortio	MillBig.Mill1.statBlockingPortion	MillBig.Mill2.statBlockingPortion	MillSmall.Mill1.statBlockingPortio	MillSmall.Mill2.statBlockingPortio	
5	已失败	Assembly.statFailPortion	Lathe.Lathe1.statFailPortion	Lathe.Lathe2.statFailPortion	MillBig.Mill1.statFailPortion	MillBig.Mill2.statFailPortion	MillSmall.Mill1.statFailPortion	MillSmall.Mill2.statFailPortion	
6	已暂停	Assembly.statPausingPortion	Lathe.Lathe1.statPausingPortio	Lathe.Lathe2.statPausingPortio	MillBig.Mill1.statPausingPortion	MillBig.Mill2.statPausingPortion	MillSmall.Mill1.statPausingPortion	MillSmall.Mill2.statPausingPortion	
7	未计划	Assembly.statUnplannedPortion	Lathe.Lathe1.statUnplannedPor	Lathe.Lathe2.statUnplannedPor	MillBig.Mill1.statUnplannedPortio	MillBig.Mill2.statUnplannedPortio	MillSmall.Mill1.statUnplannedPort	MillSmall.Mill2.statUnplannedPort	
8									
9									

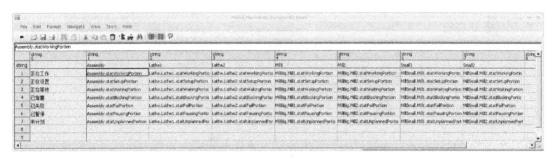

图 9-42　图表 Chart 设置统计表格

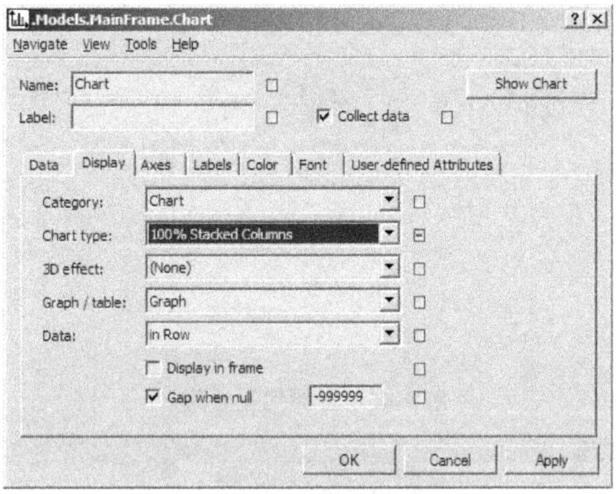

图 9-43　图表 Chart 设置类型

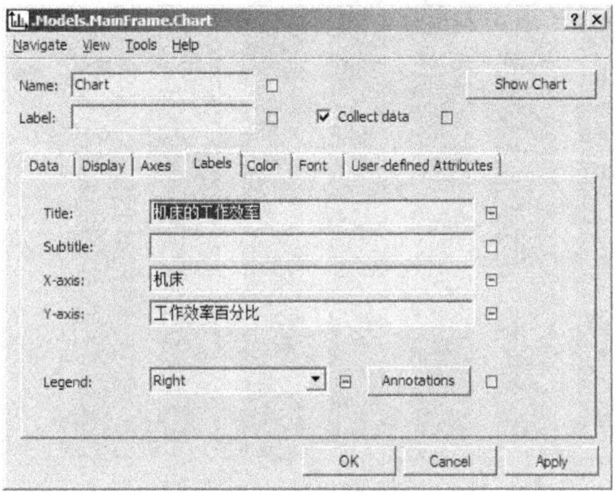

图 9-44　图表 Chart 设置标签

5. 改造思考

经过以上设置后，再一次运行，90 天产量可达 88 台，其瓶颈也得到了优化，大部分设备的生产效率都得到了提高，极大地减少了等待和阻塞的时间占比，如图 9-45 所示。图 9-46 进一步从图形上显示了优化后的各设备的时间占比，可见机床大部分时间都处于生产状态。

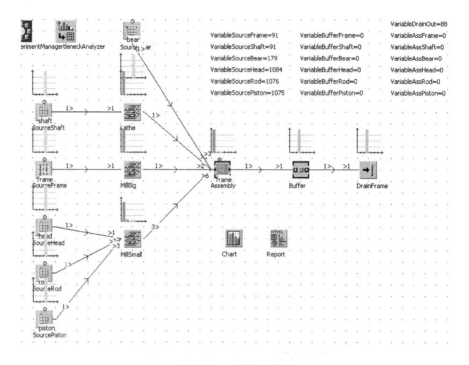

图 9-45　最终优化结果

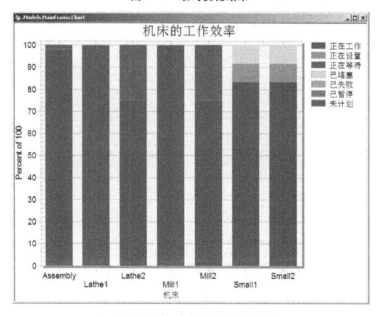

图 9-46　图表输出机床的工作效率

　　为提高生产效率,本例采用增加设备和增加人员的方法,以减少生产中的瓶颈,平衡工作负担。这类增加的设备和人员无形中增加了企业的生产成本,真实的企业会根据市场情况统筹安排,并精算分析是否在成本核算上有利。真实情况下还需要考虑设备折旧等一系列问题,一味地增加生产能力不是明智的做法。

　　真实的企业生产需要综合考虑多种因素,包括设备、物流、产线布局、人员、运输、库存等。本章在仿真时仅考虑了设备中的少部分机床,人力资源中单个车间的操作人员和单个车间的吊装,与柴油机生产企业实际情况相差较多,仅可作为参考。较为复杂的仿真情况如图 9-47 所示。其布局更加接近实际生产的情况,生产线中考虑较多的机床和辅助设备,库存及移动小车均有建模,且考虑了作业计划书。

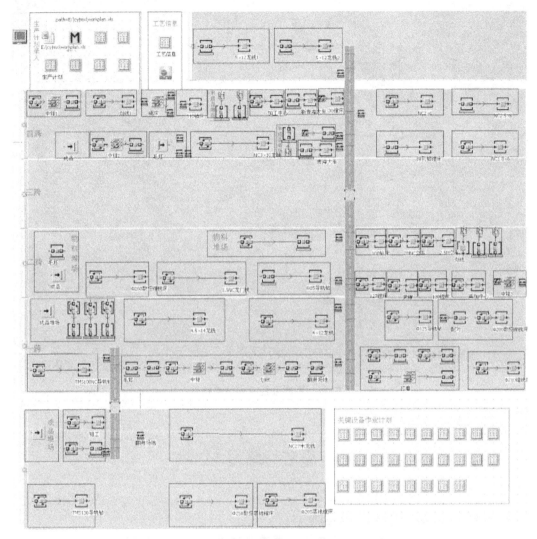

图 9-47　综合柴油机仿真模型

eM-Plant 支持三维形式的仿真与建模,二维建模着重于对系统生产过程描述及仿真结果的统计分析,三维建模则着重于对车间实际生产场景的描述与仿真。利用已经建立好的生产物流系统二维模型,可进行实体对象对应关系下的直接转换,仿真平台可给出原始状态下的三维模型,转换得到的三维模型继承了二维模型中对象之间的逻辑关系,但形态上是系统默认的形状。图 9-48 所示为一个较为详尽的生产系统三维仿真模型。

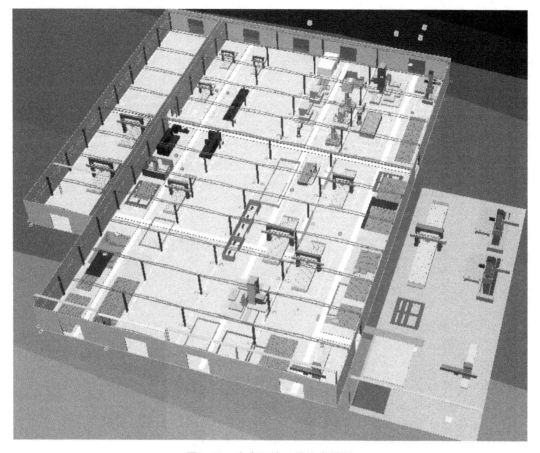

图 9-48　生产系统三维仿真模型

◉ 思考与练习 ◉

1. 参考如下内容练习仿真工具的使用。

在前述的 eM-Plant 仿真中,各个参数的调整是通过人工设置进行更改的。由于仿真过程的随机性,每次的结果会有偏差,其分布实际上符合一定的概率分布。即假设模型有输入参数 A,B,C,每个参数有 2 个设置 A(a1,a2),B(b1,b2),C(c1,c2),任意一个组合如(a1,b1,c2)构成一次实验。一次实验的结果是 n 个观察值的平均,若干次实验构成一个实验方案,故需要进行多次试验,才能仿真得到更加准确的结果。若每次都使用人工调整的方式,则较烦琐。

eM-Plant 中提供了实验工具 ExperimentManager,其定义设置和运行设置界面如图 9-49 和图 9-50 所示。

"Define"标签下的"Define output values"用于定义实验的输出。在弹出的输出设置窗口中设置待观察的变量。"Define input values"用于定义实验的输入。在弹出的输入设置窗口中设置引起待观察参数变化的参数。"Set input values"用于设置参数的具体值。Observations per experiment 用于设置每次实验取多少个观察值,"Confidence level"用于设置统计过程的置信度。

"Run"标签下的按钮用于控制仿真实验的运行,其与前述 EventController 类似。使用运行标签下的"Reset"和"Run"可使 eM-Plant 按照设定的运行参数自动运行多次,并记录其中需要观察的运行结果。最后通过图表显示出来,供分析。

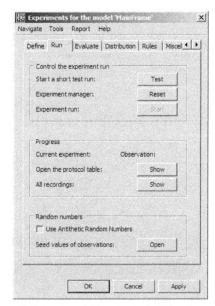

图 9-49　**ExperimentManager 定义设置界面**　　图 9-50　**ExperimentManager 运行设置界面**

类似的工具还有 DataFit 工具和遗传算法 GA 工具,如图 9-51 和图 9-52 所示。

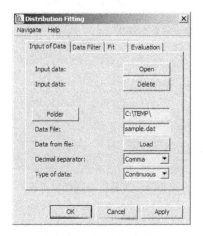

图 9-51　**拟合定义界面**

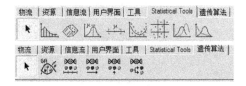

图 9-52　**拟合工具和遗传算法工具**

eM-Plant默认的库中不装载这些工具库，要使用这些工具，需装载并调用这些库。从basis右键选择装载对象（Load Object），再选择合适的库文件（*.obj）即可，如图9-53和图9-54所示。

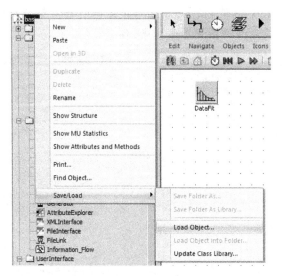

图9-53　装载库入口

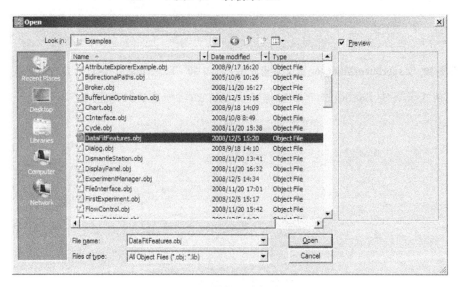

图9-54　工具打开选择库界面

第 10 章　Tecnomatix 装配仿真

10.1　Tecnomatix 概述

Tecnomatix 通过将所有制造专业领域与产品工程设计联系起来实现创新,其中包括流程布局和设计、流程模拟/工程及生产管理。Tecnomatix 的全方位数字化制造解决办法具有可扩展灵活性,可实现并行的工程设计环境,有助于制造商更快地将更具创新性的产品推向市场,充分利用全球化制造运营活动的优势提升生产效率,保持优良品质和提高利润率。

10.1.1　装配仿真概述

装配仿真为各类复杂机电产品的设计和制造提供产品可装配性验证、装配工艺规划和分析、装配操作培训与指导、装配过程演示等完整解决方案;为产品设计过程的装配校验、产品制造过程的装配工艺验证、装配操作培训提供虚拟装配仿真服务。从某种程度上说,装配仿真主要包括装配设计仿真和装配工艺仿真。装配仿真包含很多内容,如操作路径规划、人机协调操作仿真、容差分析、人机工程仿真等。

10.1.2　Tecnomatix 的功能与特点

Tecnomatix 可满足各种制造学科装配相关工作的需要,其主要功能如图 10-1 所示。

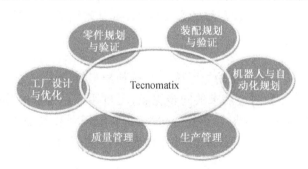

图 10-1　Tecnomatix 的主要功能

（1）质量管理

Tecnomatix 可提供以企业级可扩展架构为基础的端到端质量解决方案,用于对整个企业的关键产品质量数据进行识别、分析和共享。Tecnomatix 可对设计、制造和生产领域的产品质量特征中的关键信息进行可视性统计与分析,进而帮助质量改进团队获得必要信息,采取精益举措,改善企业质量的分布,提高企业质量管理水平。

（2）生产管理

Tecnomatix 将 PLM 扩展至制造车间，可实时收集车间数据，优化生产管理。涉及的领域主要包括：制造执行系统（MES）——用于监视正在进行的工作、控制操作和劳动力，并及时反馈生产数据；人机界面（HMI）及管理控制和数据采集（SCADA）——从工厂收集设备和设施的实时信息，反馈给上游的控制与管理系统。

（3）工厂设计与优化

Tecnomatix 可进行工厂设计和优化，其提供基于参数的三维智能对象，可更快地设计高效工厂的布局。通过工厂布局设计，提高在规划流程中发现设计缺陷的能力，提前发现问题。物料流、处理、后勤和间接劳动力成本都可使用材料流分析和离散事件仿真进行分析与仿真，进而得到优化。Tecnomatix 可根据工厂布局对多方面进行分析，如零件的工艺路线信息和设备能力等。它甚至还可分析与使用材料存储需求和零件包装信息。将 Tecnomatix 的这些功能彼此结合，可显著提高规划的准确性和效率，减少投资成本和提高生产效率。

（4）机器人与自动规划

Tecnomatix 的机器人与自动化规划功能能够提供用于开发机器人和自动化制造系统的共享环境，可满足多个级别的机器人仿真和工作单元开发需求，既能处理单个机器人和工作台，也能处理完整的生产线和生产区域。通过使用虚拟调试工具，可改善各相关设计部门的沟通和协调能力，减少自动化系统实际投入使用时的错误，并能大大缩短系统上线安装工作的持续时间。从成本和质量的角度，使用该功能将在设备设计、系统逻辑和地面空间利用等方面带来积极的影响，从而实现高生产效率的制造系统。

（5）零件规划与验证

Tecnomatix 的零件规划和验证（Part Planning and Validation）功能，可对零部件和用来制造这些零件的工具制定生产工艺，如 NC 编程、流程排序、资源分配等，并对工艺流程进行验证。零件规划和验证的具体功能包括创建数字化流程计划、工艺路线和车间文档，对制造流程进行仿真，对所有流程、资源、产品和工厂的数据进行管理，为车间提供 NC 数据等。Tecnomatix 提供一个规划验证零件制造流程的虚拟环境，可有效缩短规划时间，大大提高机床利用率。

（6）装配规划与验证

Tecnomatix 的装配规划与验证功能可减少产品装配与制造成本，实现高质量装配，进而提高产品质量。通过产品和制造需求的同步更新，可重用经过验证的装配解决方案和最佳装配实践，从而减少装配的设计规划任务。此外，在装配规划和验证软件虚拟环境中，可利用流程仿真来研究新流程设计和技术的可行性和操作性，并且不会妨碍实际工厂的真实运作。

10.2 Tecnomatix 装配仿真

10.2.1 Tecnomatix 装配原理

针对传统二维装配工艺不具备接收三维信息的现状,基于 Tecnomatix 软件平台,在 Tec-nomatix 环境中利用工艺设计师(Process Designer)和工艺仿真器(Process Simulate)模块,结合三维 MBD 模型开展装配工艺设计及仿真,达到提高装配工艺设计质量和效率,减少工艺返工,缩短工艺准备周期,提高工艺指导现场能力的目标。Tecnomatix 装配功能模块如图 10-2 所示。

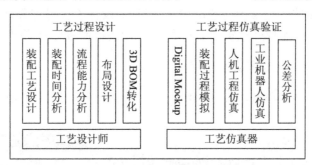

图 10-2 Tecnomatix 装配模块

通过 Tecnomatix 装配规划和验证,企业可快速评估制造过程装配流程方案,以制定用于制造产品的最佳装配计划,且可在虚拟环境中探索和优化新的装配流程和技术。Tecnomatix 装配规划和验证提供简化流程规划工作规划的工具,可自动执行无增值效益的任务,验证最佳的产品生产计划。这些工具可促进流程制定、物料清单(BOM)管理、生产线平衡、自动装配/分解、加工装配、三维厂房布局和人体工程学分析,并具备众多其他能力。Tecnomatix 装配仿真可将规划时间和相关成本减少 40%,并能提高装配流程的可见性,从而减轻产品变化的影响,在协作式的多用户环境中实现全局工程设计,自动执行无增值效益的任务,以推动精益举措。

装配规划和验证支持从产品规划、工程细节设计到全面生产的制造流程生命周期,将所有相关成员联系起来,进而形成一个虚拟企业,帮助企业制定最佳的生产战略以支持其商业战略。

Tecnomatix 主要步骤包括:

(1)创建资源、产品和研究对象结构库

创建并整理结构库是进行虚拟装配的基础性工作。首先,需要创建资源和产品的三维模型库。Tecnomatix 包含各种接口转换工具,可将各类 CAD 三维模型转换为 JT 格式,建立相应库;同时对所有装配工艺进行归类整理,定义并创建成库。

(2)定义产品装配结构

装配工艺工程师按照产品设计原型和装配的可行性定义产品的装配结构,初步规划装配工艺流程,并将每一步工序所用到的产品、工艺和资源进行关联。

(3)装配场景建模

按照车间规划对虚拟装配车间的资源进行选择并摆放到位,对待装配的产品进行定位,完成虚拟装配环境构建。

（4）装配工艺和资源仿真

按照装配工艺要求逐步进行虚拟装配，并进行动态间隙检查，记录可行的装配路径和工序，对零部件之间的相互位置及装配关系、装配顺序进行检查与验证；对工装工具的可达性、装配空间的可操作性进行检查与验证；对制造要求的实施、装配过程的人机工程等方面进行检查、验证、分析；对不能满足间隙要求以及发生干涉的待装配零部件的装配路径及关键点位置或三维实体模型进行实时交互修改与调整，直至符合装配要求为止。

（5）生成工艺文件

根据软件定制的装配工艺文件，对干涉的位置生成干涉检查报告，包括干涉的零部件名称、所处位置、干涉量的大小及干涉解决建议，以帮助设计人员对零部件模型进行必要的修改。以三维动画的方式生成作业指导书及手册，以便进行更为直观、标准和规范的岗位培训。

10.2.2 Tecnomatix 装配仿真典型步骤

本节以某产品为装配典型对象，运用 Tecnomatix 进行项目创建、资源布局、装配仿真等一系列操作。

1. 启动 PD 并创建项目构架

① 双击计算机桌面上的 Process Designer 快捷方式图标，进入登录界面，在登录框中输入账号和密码，单击"OK"，如图 10-3 所示。

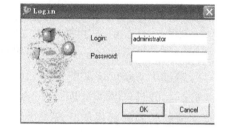

图 10-3 **Process Designer 登录界面**

② 在 Project 对话框中单击"Cancel"进入 PD 界面。

③ 新建项目：在"File"菜单栏选择"New Project"，在项目对话框中输入项目名称"xinjian"，然后单击"OK"。

④ 在导航树中选择新建的项目"xinjian"，右击"New"。

⑤ 选中"Collection"，数量输入"3"，单击"OK"，创建 3 个 Collection，如图 10-4 所示。

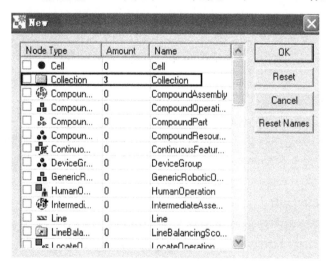

图 10-4 **创建 Collection**

⑥ 选中第一个 Collection,右击"Properties",修改名称为"Standard Libraries",在"Comment"栏输入"This is a Standard Libraries",用同样的方法修改另外的 Collection 为"Project"和"Temp",如图 10-5 所示。

图 10-5　修改项目属性

⑦ 在 Standard Libraries 下创建一个资源库、一个操作库、一个操作列表库,如图 10-6 所示。

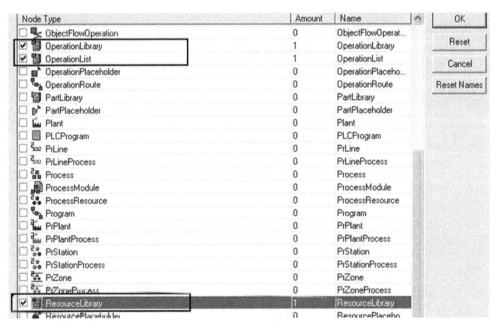

图 10-6　创建资源库、操作库和操作列表库

⑧ 在 Project 下创建 5 个子文件夹,如图 10-7 所示。

图10-7 创建子文件夹

⑨ 在 Process 下创建一个 PrPlant，并命名为 HHM Plant，如图10-8所示。

图10-8 创建 PrPlant

⑩ 选中 HHM Plant 右击 Load，打开操作树，如图10-9所示。

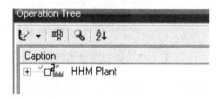

图10-9 打开操作树

⑪ 在 HHM Plant 下创建29个 PrPlant 并命名。

⑫ 在 Assembly 下创建32个 PrStation 并命名。

⑬ 选择 HHM Plant，单击"Tool"—"Synchronize Process Objects"，单击"OK"，对应的资源树中的名称将与工艺中一致，如图10-10所示。

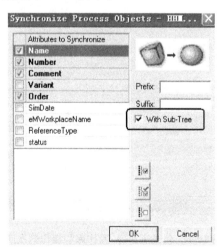

图10-10 创建 Process Object

2. 输入产品与资源

① 用 NX 打开"xinjian_Assembly. prt"文件。

② 选择"Preference"—"JT"，打开 JT 设置，将 JT 文件设置为装配及文件夹。

③ 选择"File"—"Output"—"JT",输出 JT。

④ 从导航树中选择 Product,单击"File"—"Import"—"Import CAD Files",单击"Add",选择 JT 文件,输入 JT 文件,如图 10-11 所示。

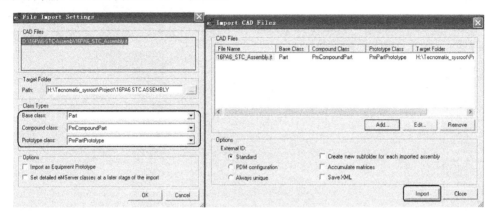

图 10-11　添加 JT 模型

⑤ 将输入的 PartLibrary 拖拽到 Project 下的 Libraries 下,将 xinjian_Assembly 拖拽到 Project 下的 Product 中。

⑥ 单击"Tools"—"Administrative Tools"—"Create Engineering Libraries",选择类型后输入资源。

3. 创建 eBOM 和 PBOM

① 选择组合装配 xinjian-Assembly,右键"Load",在产品树中可以查看产品。

② 在 Product 下创建一个 CompoundAssembly,右击"Navigation Tree"打开,如图 10-12 所示。

③ 根据装配关系,在 CompoundAssembly 下创建 CompoundAssembly 和 Assembly,并从产品树中将对应的零件拖拽到 Assembly 中,如图 10-13 所示。

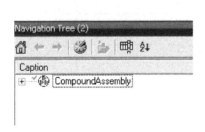

图 10-12　打开导航树

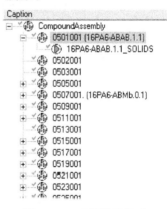

图 10-13　设置装配关系

4. 创建工艺流程

① 加载 HHM Plant 工艺。

② 选择 HHM Plant 右击"Pert View"打开 Pert 图。

③ 选择 Assembly 单击 ⬇ 展开。

④ 单击 Flow 图标，选择 0501001，选择 0502001 创建一个工作流，依次将所有工位连接起来，关闭 Pert 图。

⑤ 选择 HHM Plant 右击"Gantt View"打开 Gantt 图，如图 10-14 所示。

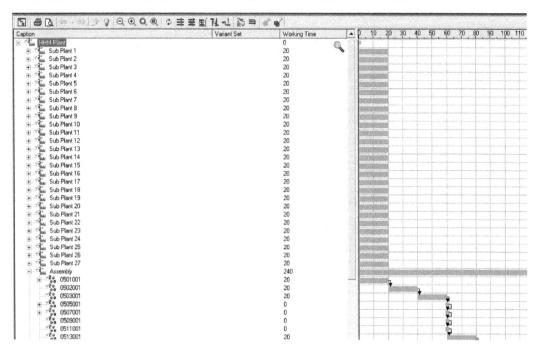

图 10-14 Gantt 图

⑥ 按住"Ctrl"键选择"SubPlant1""0501001"，单击 Link 将它们连接起来。依次按工艺图连接，如图 10-15 所示。

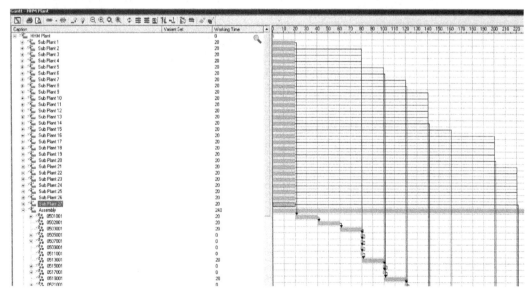

图 10-15 连接工艺图

⑦ 打开 Assembly Pert 图，查看，绿色代表不在此层级上，如图 10-16 所示。

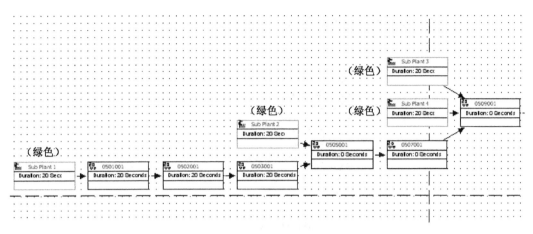

图 10-16　Assembly Pert 图

5. 产品与工艺关联

① 打开产品树,将产品用 AddRoot 方式加入产品树中,拖拽零件到工位,即将工艺与产品关联,如图 10-17 所示。

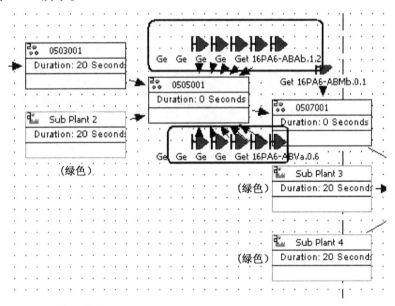

图 10-17　工艺与产品关联

② 生成 MBOM（IPA）。

③ 选择工艺 HHM Plant,单击"Tool"—"In Process Assembly"—"Generate Assembly Tree"。

④ 从浏览中选择 IPA 节点,单击"OK"。

⑤ 从 IPA 节点下选择"HHM Plant"装配体,加载,打开 IPA 视图,如图 10-18 所示。

⑥ 打开资源树,打开资源库。

⑦ 从资源库拖拽"motion_tool"到"Assembly"下,拖拽其他资源到对应的工位,如图 10-19 所示。

⑧ 在图形区域中显示资源,用定位工具将资源放置到正确的位置。xinjian_ABMb_0_1_Base * 的位置(3638,9000,5000),如图 10-20 和图 10-21 所示。

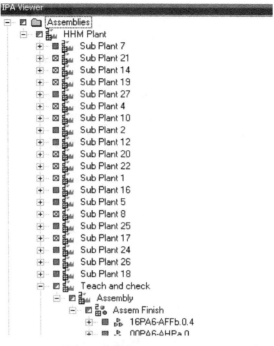

图 10-18　IPA 视图

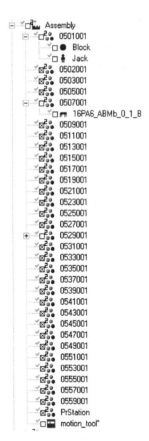

图 10-19　资源关联工位

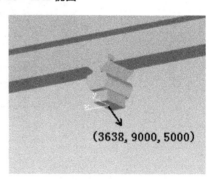

图 10-20　资源定位

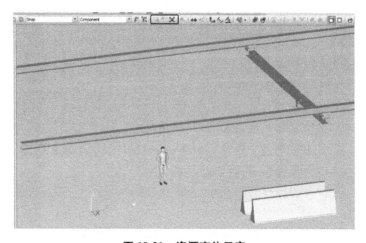

图 10-21　资源定位示意

6. 创建 Robcad Study

① 在项目节点下创建一个 Study Folder,并命名为"PS Gateway",在此节点下创建 6 个 Robcad Study 和一个名为"Assembly Plant"的 Study Folder,在名为"Assembly"的 Study Folder 下创建 31 个 Robcad Study。

② 拖拽工艺树下的 0501001 工位和资源树下的 motion_tool 到 0501001 Robcad Study 下,即创建了一个 0501001 工位的 PS 研究对象入口。

③ 将其他工位与资源拖拽到对应的工位。

④ 启动 PS 并打开"xinjian-Assembly",从导航树中加载"Robcad Study 0501001"。

7. 定义设备

① 从对象树中的"Resource"下选择"motion_tool",使用命令"Modeling"—"Set Modeling Scope"进入建模状态,在"motion_tool"上会有建模标记 。

② 选中"motion_tool",使用命令"Kinematics"—"Kinematics Editor"打开运动编辑器。

③ 单击"Create Link"命令创建运动链,输入名称,在"Link Elements"栏添加对象,可以在图形区域选取,也可在对象树中选取。

④ 依次创建"Base""X_motion_link""Y_motion_Link""Z_motion_Link"运动链。

⑤ 按住"Ctrl"键选择"Base"和"X_motion_Link",单击"Create Joint"命令创建运动副,"Joint Type"选择"Prismatic",选择第一点和第二点构成一个轴线,输入极限值,单击"OK"。依次创建 X 方向、Y 方向、Z 方向上的运动副,如图 10-22 所示。

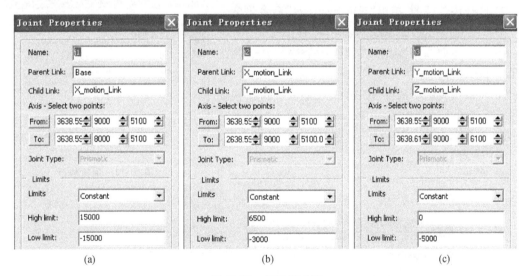

图 10-22　创建运动副

⑥ 使用命令"Modeling"—"End Modeling"退出建模状态,同时保存文件。

8. 创建装配操作

① 在操作树中选择"0501001",在对象树中选择"xinjian – ABAB.1.1_SOLIDS",单击"New Object Flow Operation"命令,选择抓取坐标系,选择开始点和结束点,单击"OK"。

② 在操作树中选择"xinjian – ABAB.1.1_SOLIDS_Op",在路径编辑器中单击"Add Operation to Editor"命令将操作加载到路径编辑器中。

③ 选择 loc1,右击"Manipulate Location"命令,X 方向移动"2000",单击"Close",如

图 10-23所示。

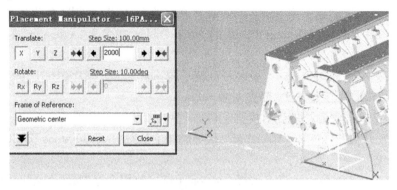

图 10-23 设置位置

④ 选择 loc1，右击"Add Location Before"命令，在 loc1 前增加一个点。

⑤ 选择 loc，右击"Add Location After"命令，在 loc 后增加一个点。

⑥ 在路径编辑器中选择"xinjian – ABAB. 1. 1_SOLIDS_Op"，单击"Remove Item From Editor"命令，将操作从路径编辑器中移除。

⑦ 操作序列模拟：在操作树中选择"0501001"，右击"Set Current Operation"命令，将 "0501001"加载到序列编辑器中，单击"Play"进行模拟。

9. 创建快照

① 打开快照视图，单击"New Snapshot"命令创建一个快照，并命名为"0501001 start"。

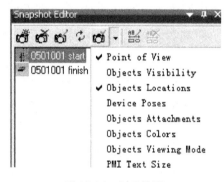

② 操作序列模拟到结束，创建一个快照并命名为"0501001 finish"。

③ 在快照视图中选择"0501001 start"，在应用快照的下拉菜单中选中"Object Locations"，单击"Apply Snapshot"，零件返回初始位置，如图 10-24 所示。

10. 更新 eMServer

① 单击 eMServer Update 命令更新 eMServer，需更新两次，如图 10-25 所示。

图 10-24 创建快照

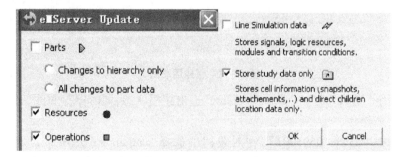

图 10-25 更新 eMserver

② 选择仿真工人右击"Auto Grasp"命令，进行人自动抓取动作，选择抓取对象，如图 10-26所示。

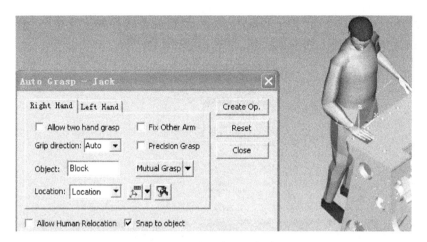

图 10-26　设置仿真工人自动抓取

③ 单击"Create Op"创建操作,单击"Reset"复位。

④ 在序列编辑器中模拟人抓取动作。

⑤ 创建一个 Block 物流操作,如图 10-27 所示。

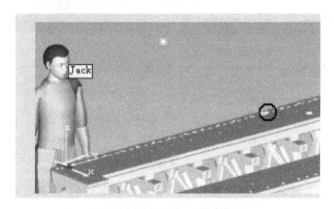

图 10-27　创建 Block 物流操作

⑥ 在序列编辑器中,按住"Ctrl"键选择"Grasp Block"和"Block_Op"两个操作,单击"Link"命令将两个操作连接起来,如图 10-28 所示。

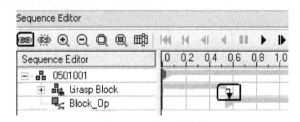

图 10-28　连接操作

⑦ 选择"Block_Op"操作,右击"Human Event"命令,在此操作中增加人事件,选中"Allow walking",单击"Add",选择"Block",单击"OK",再单击"OK",在物流操作中增加了人抓取事件。

⑧ 在"Block_Op"操作结束时增加人放开事件。

⑨ 选择"motion_tool"右击"Pose Editor"命令，创建设备的各种位置状态，单击"New"创建一个新的位置状态，创建下列位置状态，如图 10-29 所示。

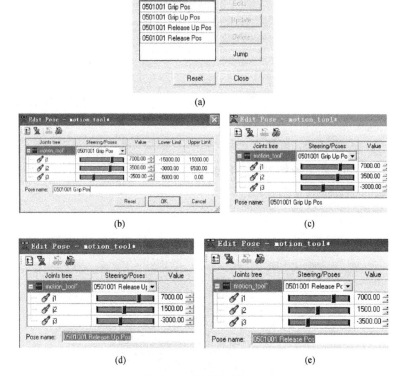

图 10-29　设置位置关系

⑩ 在"0501001"下创建一个组合操作"xinjian – ABAB. 1. 1_SOLIDS Motion"。

⑪ 选择"xinjian – ABAB. 1. 1_SOLIDS Motion"和设备"motion_tool"，单击"New Device Operation"命令创建一个设备操作。创建其他设备操作。

⑫ 将各个操作连接起来，如图 10-30 所示。

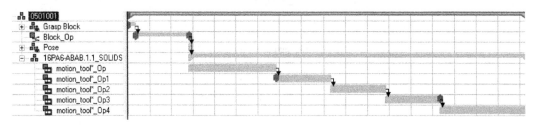

图 10-30　操作连接结果

⑬ 选择"motion_tool ＊ _Op1"右击"Attach Event"命令，在操作开始前增加附着零件。

⑭ 在"motion_tool ＊ _Op3"结束前增加"Detach Event"，然后进行模拟。

11. 模拟整线的装配

① 按照上述方法将其他工位的装配操作完成,注意可以在逻辑视图中选择零部件和装配体。0502001,0503001,0505001 的位置在 X 方向 2000,Y 方向 0,Z 方向 0 的位置。0507001 − 0559001 的位置在 X 方向 2000,Y 方向 7000,Z 方向 0 的位置。

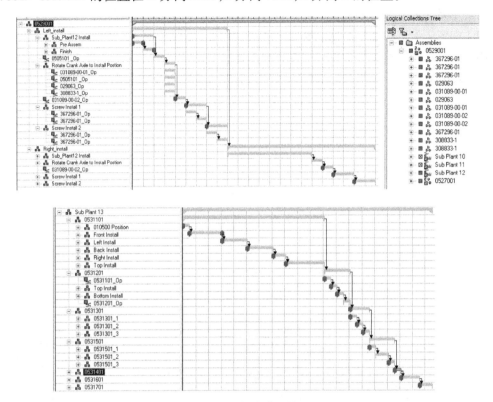

图 10-31　整体装配结果

② 进入 PS,加载 Assembly,模拟 Assembly 中的操作,创建初始快照和结束快照。

③ 单击"File"—"Outputs"—"AVI Recorder"进行录制动画,模拟 Assembly 操作,完成后单击"停止录制"。

◎ 思考与练习 ◎

1. 简述基于 Tecnomatix 平台的虚拟装配解决方案流程。

2. 简要分析 Tecnomatix 平台进行公差分析的优势。

3. 学习在 Tecnomatix 软件中进行装配工艺设计的 4 个步骤:创建、导入、分配和摆放。在 Tecnomatix 软件中创建一个新项目,并创建资源数据、产品数据和工艺数据等子目录。在 Tecnomatix 软件中完成资源数据、产品数据和工艺数据的数据导入和管理。

4. 以减速器为对象在 Tecnomatix 中进行装配工艺设计,并进行装配过程仿真,完成动画录制。

5. 基于 Tecnomatix 的工艺文档管理和输出具体包括哪些方面？

6. 装配工艺分工有哪些原则？

7. 简要分析传统装配工艺设计编制方法及其存在的不足之处。

8. 简述计算机辅助装配工艺设计系统的主要功能和特点,以及计算机辅助装配工艺设计系统的不足之处。

9. 数字化装配规划的关键技术有哪些？

10. 简述人机工程学主要的研究内容与方法。

11. 人机工程仿真的技术特点有哪些？人机工程仿真的功能和意义有哪些？

第三篇　特种加工技术

第 11 章　特种加工技术概述

11.1　特种加工技术的发展及特点

传统的机械加工历史悠久,它对人类社会生产和文明进步起到了很大的作用。然而,在依靠机械切削加工的时代,人们局限在用传统的机械能和切削力来除去多余的金属,以达到加工要求的思维中。在这样的思维方式下,没有产生特种加工的需求,更不具备发展特种加工的充分条件。第二次世界大战期间,苏联鲍·洛·拉扎林柯夫妇发现金属材料由于电火花的瞬时高温可使其局部金属熔化、气化而被蚀除掉,从而开创和发明了用电加工工具"以柔克刚"加工任何硬度的金属材料的方法,首次摆脱了传统的机械切削加工方法去除金属材料的局限性思维方法。

传统切削加工的本质特点:一是刀具材料比工件硬很多;二是机械能和切削力强制把材料切除了。传统切削加工本质上属于物理加工方法。当工件材料越来越硬、越来越复杂时,传统的机械加工方法成为限制生产率和影响加工质量的不利因素。特别是第二次世界大战后,很多工业部门,尤其是国防工业部门,为满足生产发展和科学实验的需要,要求尖端科学技术产品向高精度、高温、高压、高速度、大功率、微小型化等方向发展,导致零件形状越来越复杂,所使用的材料越来越难加工,对加工精度、表面粗糙度轮廓等的要求也越来越高,因而对制造业提出了新的要求:

① 解决诸如航天航空陀螺仪、伺服阀等超精要求的零件加工,薄壁零件、弹性元件等低刚度零件加工,微电子工业大批量精密、微细元器件的生产加工等问题。

② 解决诸如硬质合金、钛合金、淬火钢、金刚石、锗、硅等各种高硬度、高强度、高脆性的难切削材料的加工问题。

③ 解决诸如涡轮机叶片、整体涡轮等各种特殊复杂表面零件的加工,喷油嘴、栅网、喷丝头上的小孔、异形小孔、窄缝等的加工问题。

特种加工就是在这样的需求刺激下发展起来的。人们开始探索用软工具(刀具)来加工硬材料,不仅可用物理机械能而且还可采用电、光、化学能进行加工。到目前为止,已经找到多种这类加工方法。为区别于现有的金属切削加工方法,新加工方法统称为特种加工,国外称为非常规机械加工(Non-Conventional Machining,NCM)或者非传统加工(Non-Traditional Machining,NTM)。它们的主要特点如下:

① 主要依靠电、光、声、化学等能量去除材料。

② 不是依靠比硬度去除材料，而是以软切硬去除材料，甚至无刀具去除材料（例如激光加工和电子束加工等）。

③ 不是依靠"硬碰硬"接触去除材料，加工过程中，刀具和加工对象之间不存在明显的切削力。

因为特种加工的工艺具有上述特点，所以从理论上而言，特种加工可以加工任何传统机械加工无法加工的金属或非金属材料。国内的特种加工技术起步较早。20世纪50年代，我国已设计出电火花穿孔机和电火花表面强化机。20世纪60年代，原中国科学院电工研究所研制出我国第一台靠模仿形电机床。20世纪60年代末，我国独创往复高速走丝线切割机床，上海复旦大学研制出与之配套的电火花线切割3B代码的数控系统。1963年，哈尔滨工业大学最早开设了特种加工课程和实验，统编了相关教材和机制专业的通用教材。2006年，经教育部审批，该教材成为普通高等教育"十一五"国家级规划教材。1979年我国成立了全国电加工学会。1981年我国高校成立了特种加工教学研究会，该研究会对特种加工的普及和提高起到了很大的促进作用。2006年电火花成型机床的年产量达到3 000台，电火花数控线切割机床的年产量大于40 000台，电加工机床生产企业达到200家以上。我国特种加工机床的主要产品有电火花成形加工机床、电火花线切割加工机床、激光加工机床、快速成型机床等。2012年我国电火花加工机床的总产量约55 000台，其中电火花成形加工机床约6 000台，单向慢走丝电火花线切割机床约3 000台，往复快走丝电火花线切割机床约42 000台（中走丝线切割机床约占20%），电火花加工小孔机床约3 000台。2012年我国大功率激光切割加工设备的产量在1 000台以上。2012年我国快速成型机床的产量为500台，电加工机床总拥有量也居世界的前列。

但是，由于我国的工业基础相对薄弱，特种加工的整体技术水平与国际先进水平相比差距明显，高档技术密集型的电加工机床每年还要从国外进口，这些都有待于我们去努力改变，特种加工技术必将在我国向制造强国迈进的过程中，发挥出重大作用。

11.2　特种加工的分类

特种加工的分类还没有明确的规定，可按表11-1所示的能量来源和作用形式、加工原理来划分。

表11-1　常用特种加工方法分类表

加工方法		能量来源和作用形式	加工原理
电火花加工	电火花成形加工	电能、热能	熔化、气化
	电火花线切割加工		
	短电弧加工		
电化学加工	电解加工	电化学能	金属离子阳极溶解
	涂镀		金属离子阴极沉积
	电铸		
	电解磨削	电化学能、机械能	阳极溶解、磨削
	电解研磨		

续表

加工方法		能量来源和作用形式	加工原理
激光加工	激光切割、打孔	光能、热能	熔化、气化
	激光打标记		
	激光处理、表面改性		熔化、相变
快速成型	液相固化法	光能、化学能	增材法
	粉末烧结法	光能、热能	
	纸片叠层法	光能、机械能	
	熔丝堆积法	电能、热能、机械能	
超声加工	切割、打孔、雕刻	声能、机械能	磨料高频撞击
电子束加工	切割、打孔、焊接	电能、热能	熔化、气化
等离子弧加工	切割(喷镀)		熔化、气化(涂覆)
离子束加工	蚀刻、镀覆、注入	电能、动能	原子能
化学加工	化学铣削	化学能	腐蚀
	化学抛光		
	光刻	光能、化学能	光化学腐蚀
微纳制造	微纳技术	机械能、光能、电能	机械、光能、电能
仿生制造	生物、仿生	生物能	生物能

此外,还有一些不属于尺寸加工的特种加工,如液中放电成形加工、电磁成形加工、爆炸成形加工及放电烧结等。

11.3　特种加工对材料可加工性和结构工艺性等的影响

由于特种加工工艺的特点引起了机械制造行业的许多变革,如对材料的可加工性、工艺路线的安排、新产品的试制、零件结构模式、零件加工工艺性等产生了一系列的影响,归纳如下:

① 提高了材料的可加工性。与传统的机械加工比较,材料的可加工性能不再与材料本身的硬度、强度、脆性、韧性等成直接或比例关系。例如,对电火花、线切割加工来说,淬火钢比普通未淬火钢更易加工。

② 改变了零件的加工工艺路线。电火化线切割加工、电火花成形加工和电解加工等可以先淬火后加工,以避免先加工后淬火导致的变形和应力变化。

③ 改变了新产品的试制模式。例如,加工液压马达定子,以往试制新产品时,必须先设计制造夹具、拉刀及工装等,现在采用数控电火花线切割,可以直接割出定子的复杂型腔,改变了过去传统的产品试制模式,大大缩短了试制周期。

④ 改变了新产品的结构模式。例如,变压器的山形硅钢片的冲模,过去由于不易制造,一般采用拼装结构,而采用电火花线切割加工以后,可做成整体结构,大大提高了该产品的

性能。

⑤ 改变了零件加工工艺性。传统机械加工工艺认为方孔、小孔、深孔、窄缝等加工工艺极差，有的甚至是禁区。特种加工改变了这种情况。例如，电火花穿孔、电火花线切割加工方孔和加工圆孔的难易一样。喷油嘴小孔，喷丝头小异形孔，以及涡轮叶片上的大量小冷却深孔、窄缝等，当采用电加工后变难为易了。以前如果淬火前遗漏定位销孔、槽等，工件只能报废；现在可用电火花切割孔、槽补救。以前很多不可修复的废品，现在都可用特种加工方法修复。例如，啮合不好的齿轮，可用电火花跑合；尺寸磨小的轴、磨大的孔及工作中磨损的轴和孔，可用电刷镀修复。

11.4　特种加工技术发展趋势

11.4.1　微纳制造技术

随着汽车电子、微电子、航空航天、现代医学、生物工程等行业的发展，MEMS（微型机械电子系统）的应用越来越广泛。例如，中高档小汽车的 MEMS 传感器占20%以上；微麦克风、微射频滤波器等 MEMS 器件在手机、家用电器、玩具等电子产品中已开始大量应用。在国防工业中，微轴承、微齿轮、微陀螺仪等的应用也较多。

微纳制造技术是指尺度为毫米、微米和纳米量级的零件及这些零件组成的部件或者系统的设计、加工、组装、集成与应用技术。而传统的机械加工满足不了该种类零部件的高精度加工制造和装配加工要求，必须研究与之匹配的微纳制造技术。微纳制造技术是微传感器、微执行器、微结构和功能微纳系统制造的手段和基础。

11.4.2　光刻工艺技术

光刻加工是加工制作半导体结构及集成电路微图形结构的关键工艺技术，是微细制造领域应用较早、应用广泛的一类微制造技术。

光刻加工原理与印刷技术中的照相制版类似，在硅（Si）半导体基体材料上涂覆光致抗蚀剂，然后利用紫外光束等通过掩膜对光致抗蚀剂层进行曝光，经显影后在抗蚀剂层获得与掩膜图形相同的极微细的几何图形，再经刻蚀等方法，便在 Si 基材上制造出微型结构。在上述的光刻工艺的基础上，可进一步采用化学腐蚀剂或等离子体对硅基片进行各向同性或各向异性的刻蚀加工，以制取各种桥、梁、薄膜等微机械结构。其中的牺牲层工艺技术，是制作各种微腔和微桥结构的重要工艺手段，即通过腐蚀去除结构件下面的牺牲层材料而获得空腔的一种技术。

微纳器件及系统具有微型化、批量化、低成本的鲜明特点。经过多年的发展，微纳制造技术已经取得了巨大的成功，大量基于 MEMS 技术的产品已经走出实验室，开始走向实际应用。随着一系列关键技术的解决和突破，微纳制造技术将有广阔的应用前景。

11.4.3　仿生制造技术

仿生制造（Bionic Manufacturing）是模仿生物的结构、组织、功能和性能，制造仿生结构、仿生表面、仿生装备、仿生器具、生物组织及器官，包括借助于生物形体和生长机制加工成形的过程。仿生制造是现代制造的新领域,是近年来迅速发展起来的先进制造技术的一个分支。仿生制造技术是传统制造技术与生命科学、材料科学和信息科学等多种学科的交叉结合,以制造过程与生物体之间存在的相似性为基础,学习模仿生物系统的组织结构、工作原理、能量转换、控制机制及生长方式,以提高和促进现有制造技术的发展和进步。

在自然界中,生物通过优胜劣汰,已对自然环境具有高度的适应性,它们的感知、决策、指令、反馈、运动等机能和器官结构,远比人类制造的设备更为完善。仿生制造是向生物体学习,实现诸如自我发展、自组织、自适应和进化等功能,以适应日渐复杂的制造环境。

传统制造是通过各种机械、物理、化学的方式"强制成形"("他成形")的,而生物的生命过程是"自成形"的,是靠生物本身的自我生长、发展、自组织、遗传完成的。所以仿生制造技术应体现出由"他成形"向"自成形"的转变。仿生制造为传统制造技术的创新开辟了一个新的领域。人们在仿生制造中学习借鉴生物体自身的组织方式与运行模式。从某种意义上说,仿生制造延伸人类自身的组织结构和进化过程。仿生制造所涉及的领域较宽,目前主要的研究内容包括仿生机构及系统的制造、功能表面的仿生制造、生物组织及器官的仿生制造和生物加工成形制造等。

◎ 思考与练习 ◎

1. 与传统加工比较,特种加工有哪些主要的特点?
2. 请列举主要的特种加工方法。
3. 与传统加工比较,特种加工对材料的可加工性和结构工艺性有哪些主要影响?
4. 简述特种加工技术的发展趋势。

第12章　电火花加工技术

12.1　电火花加工概述

电火花加工(Electrospark Machining)过程中,工具和工件之间不断产生脉冲火花放电,靠放电时局部、瞬时产生的高温把金属冲击腐蚀下来,因放电过程中可见到火花,故称为电火花加工,在日本和欧美又被称为放电加工(Electrical Discharge Machining,EDM)。

12.1.1　电火花加工原理概述

电火花加工的原理是利用工具和工件(正、负电极)之间脉冲性火花放电来去除多余的金属,以达到对零件的尺寸、形状及表面质量的加工要求。研究结果表明:电火花放电时电火花通道中瞬时产生大量的热,高温使金属材料局部熔化、气化而被蚀除掉。利用电腐蚀现象对金属材料进行尺寸加工,需要解决下列三个主要问题:

① 必须使工具电极和工件被加工表面之间保持一定的放电间隙,通常为 0. 01 ~0.1 mm,与加工条件有关系。

② 电火花放电必须是瞬时的脉冲放电,这样才能保证放电所产生的热量把每一次的放电蚀除点分别局限在很小的范围内。如果持续电弧放电,会使工件表面烧伤,因而无法用于尺寸加工。为此,电火花加工必须采用脉冲电源。

③ 电火花放电必须在有一定绝缘性能的工作液中进行。工作液必须具有较高的绝缘强度,以利于产生脉冲性的火花放电。同时,工作液还应能把电火花加工过程中产生的金属小颗粒、炭黑等电蚀产物从放电间隙中悬浮排除出去,并且对电极和工件表面有较好的冷却作用。常用的工作液有煤油、皂化液或去离子水等。

12.1.2　电火花加工的特点及应用

1. 优点

① 适合于难切削导电材料的加工。由于加工中材料的去除是靠放电实现的,材料的可加工性主要取决于其导电性及热学特性,而几乎与力学性能(硬度、强度等)无关。这样可以突破传统加工中对刀具的限制,实现用软的工具加工硬韧的工件的目的。目前电极材料(工具)多采用纯铜(俗称紫铜)、黄铜或石墨等容易加工的材料。

② 能加工特殊及复杂形状的零件。由于加工过程中没有机械加工的物理切削力,因此可以用于低刚度工件加工及细微加工。配合数控加工技术,可以把工件的形状复制到工具电极上,因此特别适用于表面形状复杂的工件的加工。

2. 不足

① 主要用于加工金属等导电材料。

② 加工速度一般较慢,效率不高。

③ 电极损耗影响成形精度。这一点和机械加工有相似的地方,刀尖容易磨损,而电极损耗多集中在尖角或底面。

由于电火花加工具有许多传统切削加工所无法比拟的优点,目前已广泛用于机械(特别是模具制造)、电子、航空、航天、精密仪表、轻工等行业,以实现难加工导电材料及复杂形状零件的加工。

12.1.3　电火花加工工艺方法的分类

按工具电极和工件相对运动的方式和用途的不同,大致可分为电火花穿孔成形加工、短电弧加工、电火花线切割、电火花磨削和镗磨加工、电火花同步共轭回转加工、电火花小孔加工、电火花表面强化与刻字七大类。表 12-1 所列为电火花加工工艺方法分类及各类加工方法的特点和用途。

表 12-1　电火花加工工艺方法分类及各类加工方法的特点和用途

类别	工艺方法	用　途
I	电火花穿孔成形加工	1. 穿孔加工:加工各种冲模、挤压模、粉末冶金模、各种异形孔及微孔等 2. 型腔加工:加工各类型腔模及各种复杂的型腔零件
II	短电弧加工	1. 对各种大轧辊进行表面加工 2. 对难加工材料进行切割、下料,如钢锭
III	电火花线切割加工	1. 切割各种具有直纹面的零件,如平面凸轮 2. 下料、截断和窄缝加工
IV	电火花磨削和镗磨加工	1. 加工高精度、表面粗糙度轮廓值小的小孔,如拉丝模、微型轴承内环、钻套等 2. 加工外圆、小模数齿轮等
V	电火花同步共轭回转加工	以同步回转、展成回转、倍角速度回转等方式,加工各种复杂型面的零件,如高精度的异形齿轮,精密螺纹环规,高精度内、外回转体表面等
VI	电火花小孔加工	1. 线切割穿丝孔 2. 深径比很大的细长孔,如喷嘴等
VII	电火花表面强化与刻字	1. 模具、刀具、量具刃口表面强化和镀覆 2. 电火花刻字、打标记

12.2　电火花加工的机理

电火花加工的机理,即电火花加工的物理本质。每次电火花腐蚀的微观过程都是由磁力、电场力、热力、流体动力、电化学和胶体化学等综合作用的过程。这一过程大致可分为 4 个连续的阶段:极间工作液被电离、击穿,形成放电通道;工作液热分解、电极材料熔化、气化热膨胀;电极材料抛出;极间工作液消电离。

12.2.1 极间工作液被电离、击穿,形成放电通道

当80～100 V的脉冲电压施加于工具电极与工件之间时,两极之间立即形成一个电场。电场强度与电压成正比,与距离成反比。两极间离得最近的突出点或尖端处的电场强度最大。

在电场作用下,电子向阳极高速运动并撞击工作液中的分子或中性原子,产生碰撞电离,最终瞬间致带电粒子猛增,使介质击穿而形成放电通道,如图12-1所示。

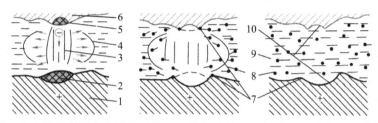

1—正极；2—从正极上熔化并抛出金属的区域；3—放电通道；4—气泡；5—在负极上熔化并抛出金属的
区域；6—负极；7—翻边凸起；8—在工作液中凝固的微粒；9—工作液；10—放电形成的凹坑

图12-1 放电示意图

带电粒子高速运动相互碰撞,产生大量的热,导致通道温度极高,通道中心温度可高达10 000 ℃以上。高温、高压的放电通道及随后瞬时气化形成的气体(气泡)急速膨胀,进而产生向四周传播的冲击波。在放电过程中,有热效应、电磁效应、光效应、声效应及频率范围很宽的电磁波辐射和局部爆炸冲击波等。

12.2.2 工作液热分解、电极材料熔化、汽化热膨胀

工作液形成放电通道后,脉冲电源就会使通道间的电子高速奔向正极,同时使正离子奔向负极。电能变成动能,动能通过碰撞又转变为热能,于是在通道内,正极和负极表面分别形成瞬时热源,均达到5 000 ℃以上的温度。正负极表面的高温除使工作液汽化、热分解外,也使金属材料熔化,直至沸腾汽化。这些热分解后的工作液和金属蒸气,瞬时体积猛增,迅速热膨胀、爆炸,靠此热膨胀和局部微爆炸,将熔化、汽化了的电极材料抛出、蚀除。

12.2.3 电极材料的抛出

通道和正负极表面放电点的瞬时高温使工作液汽化及金属材料熔化、汽化,膨胀产生很高的瞬时压力。通道中心的压力最高,使气体体积不断向外膨胀形成气泡。由于抛出的材料具有最小的表面积,冷凝时凝聚成颗粒。实际上熔化和汽化了的金属在抛离电极表面时,向四处飞溅,大部分抛入工作液中,一小部分飞溅、镀覆、吸附在对面的电极表面上。

12.2.4 极间工作液的消电离

随着脉冲电压降为零,极间工作液消电离,放电通道中的带电粒子复合为中性粒子,恢复极间工作液的绝缘强度,以免总是在同一处发生放电而导致电弧放电,这样可以保证在两极相对最近处或电阻率最小处形成下一击穿放电通道。为了保证电火花加工过程正常进

行,在两次脉冲放电之间一般都应有足够的脉冲间隔时间,这一时间的选择,不仅要考虑介质本身消电离所需的时间,还要考虑电蚀产物排离出放电区域的难易程度。

12.3　电火花加工中的一些基本规律

12.3.1　影响材料放电腐蚀的主要因素

1. 极性效应

在电火花加工过程中,无论是正极还是负极,都会受到不同程度的电蚀。由于正、负极不同而彼此电蚀不同的现象称为极性效应。我国通常把工件接脉冲电源正极的加工件定义为正极性加工,反之,工件接脉冲电源负极的加工称为负极性加工。

考虑到电子的质量和惯性都小,容易获得较高的加速度,所以在用短脉冲加工时,电子的轰击作用大于离子的轰击作用,正极的蚀除速度大于负极的蚀除速度,这时工件应接正极。反之,当采用长脉冲加工时,质量和惯性大的正离子将有足够的时间加速,对负极表面的轰击破坏将大于正极,这时工件应接负极。因此,当采用短脉冲精加工时,应选用正极性加工;当采用长脉冲粗加工时,应采用负极性加工。

能量在两极上的分配对两个电极电蚀量的影响是一个极为重要的因素,因此,电子轰击和离子轰击是影响极性效应的重要因素。除了脉冲宽度、脉冲间隔的影响外,峰值电流、放电电压、电极对的材料及工作液等都会影响极性效应。

2. 电参数的影响

在电火花加工过程中,正负极的蚀除速度与单个脉冲量、脉冲频率、平均放电电流和电流脉宽成正比。因此,提高生产效率的方法有提高脉冲频率、增加单个脉冲能量、增大电流脉冲宽度、减小脉冲间隔。

3. 工件热学常数的影响

工件的熔点、沸点、熔化热、汽化热、比热容越高,蚀除速度越低。

4. 工作液的影响

工作液有油基和水基两类。工作液的作用是形成放电通道、排除电蚀物、冷却电极丝和工件。如果是油基加工,粗加工一般选用机油,半精加工和精加工选用煤油。水基工作液粗加工的速度极大高于煤油,但是在大面积的精加工中煤油更加具有优势。

12.3.2　影响加工精度的主要因素

除了机床本身的各种误差、工件和工具电极的定位外,电火花加工工艺也会影响加工精度。以下主要介绍电火花加工工艺这一影响因素。

影响加工精度的电火花加工工艺因素有放电间隙的大小及其一致性、工具电极的损耗和稳定性。

电火花加工时,工具电极和工件之间存在一定的放电间隙,放电间隙的大小是变化的,影响加工精度。

工具电极的损耗对尺寸精度和形状精度都有影响。

影响电火花加工形状精度的因素还有二次放电。二次放电是指侧面已加工电蚀产物等的介入而再次进行的非正常放电。

12.4　电火花线切割加工的原理

电火花线切割加工(Wire Cut EDM,WEDM)是在电火花加工的基础上于20世纪50年代末发展起来的一种工艺形式,是用线状电极(通常为钼丝或黄铜丝),依靠火花放电对被加工对象进行切割,故称为电火花线切割,简称线切割。目前,电火花线切割技术已获得广泛的应用,国内外的线切割机床已占电加工机床的70%以上。

电火花线切割加工的基本原理是利用移动的细金属导线(黄铜丝或钼丝)作为电极,对工件进行脉冲火花放电,利用数控技术使电极丝对工件做相对的横向切割运动,可切割成形各种三维表面。

根据电极丝的运行方向和速度,电火花线切割机床通常分为三大类。第一类是往复(双向)高速走丝(俗称快走丝机)电火花线切割机床(WEDM-HS),一般走丝速度为8 ~10 m/s,这是我国生产和使用的主要机种,也是我国独创的电火花线切割加工模式。第二类是单向低速走丝(俗称慢走丝机)电火花线切割机床(WEDM-LS),走丝速低于0.2 m/s,这是国外生产和使用的主要机种。与快走丝电火花线切割机床相比,慢走丝机有更高的加工速度和加工精度,加工表面质量更好,并具有多次切割等其他功能。第三类是中走丝机床,该类机床由我国在快走丝机床的基础上改进设计而成,可实现分级变速控制电极丝走丝速度,并能实现能多次切割。其本质仍然是运用往复走丝电火花线切割技术,但该类型的机床充分发挥了往复走丝电火花线切割低成本,以及可以加工较大厚度工件的能力;同时,它借鉴了单向走丝线切割加工的特点。中速走丝在脉冲电源、伺服进给控制、运丝速度控制、数控系统及多次切割工艺等方面较往复高速走丝机床有所改进,这种改进使得该类型的机床在加工精度及表面质量等方面较高速走丝电火花线切割机床有了很大改善。

快走丝电火花线切割机床的加工原理如图12-2所示。利用钼丝1作为工具电极进行切割,贮丝筒3使钼丝做正反向交替往复运动;由脉冲电源4供给加工能源;在电极丝和工件之

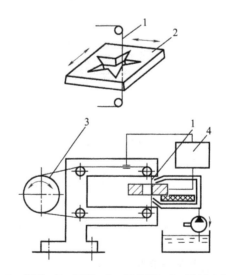

1—钼丝；2—工件；3—贮丝筒；4—脉冲电源

图12-2　快走丝电火花线切割机床工作原理图

间浇注工作液,工作台在水平面 X,Y 两个坐标方向根据火花间隙的状态,按预定的控制程序做插补进给移动,从而合成各种曲线轨迹,把工件切割成形。

12.5　电火花线切割加工典型步骤

(1) 设计切割加工形式与路线、编制切割程序,设计好不同的电规准(电参数)。程序的编制方法有 3B 格式、ISO 格式、NC 格式和 AUTOCUT 图形化格式等。

(2) 装夹好工件,安好电极丝(包括穿丝)。

(3) 接通机床电源,设定切割起始点和切入点。

(4) 调好电参数,电参数一般有电压、脉宽、脉间等。

(5) 打开工作液,开始切割加工。

(6) 对实验结果进行分析、整理,完成切割实验。

(7) 切割完毕,清理机床,关机。

思考与练习

1. 电火花加工和普通机械加工的区别在哪?

2. 电火花成形加工和电火花线切割加工的区别?

3. 电火花加工后工件表面是否有许多微小的凹坑? 结合电火花加工原理解释原因。

4. 简述电火花加工后电极表面的颜色发生变化的原因。

5. 比较加工前后电极缩短量与加工出的深度值是否相等? 请解释原因。

6. 电火花加工用的工作液是什么? 工作液在电火花加工中有什么作用?

7. 列举电火花加工的必备条件。

第 13 章　快速成型技术

13.1　快速成型技术概述

13.1.1　快速成型技术的原理

快速成型技术，又叫快速原型制造技术（Rapid Prototyping Manufacturing，RPM），是 20 世纪 90 年代发展起来的一种成型技术。它突破了传统的加工模式，不需要机械加工设备即可快速地生产制造出形状极为复杂的工件，被认为是近年来制造技术领域的一次重大突破。快速成型技术是机械工程、计算机技术、数控技术及材料科学等技术的集成。它能够将数学几何模型的设计迅速自动化地实物化为具有一定结构和功能的原型或零件。快速成型技术的名称很多，如增材制造（Addition Manufacturing，AM）、分层制造（Layered Manufacturing，LM）、实体自由形状制造（Solid Freeform Fabrication，SFF）等。

快速成型技术不同于传统的在型腔内成型、毛坯切削加工后获得零件的方法，而是在计算机控制下，基于离散材料堆积原理，采用不同方法堆积材料最终完成零件的成型和制造的技术。从成型角度看，零件可视为由点、线或面叠加而成，即从 CAD 模型中离散得到点、线、面的几何信息，再与成型工艺参数信息结合，控制材料有规律、精确地由点到面，由面到体地堆积零件。从制造角度看，零件的三维几何信息转化成相应的指令控制，通过激光束或者其他方式使材料逐层堆积而形成原型或零件，无须经过模具环节，极大地提高了效率，缩短了新产品研发周期，被誉为制造业内的革命。

13.1.2　快速成型技术的特点

1. 优点

与传统的成型方式相比，快速成型具有显著优点：

（1）产品复杂性不受限制

由于快速成型技术不受传统机械加工方法中刀具的限制，而是采用光、热、电等物理手段实现材料的分离与堆积，因此成型过程不受产品形状复杂度限制，可以实现"自由成型"，能够制造出任意形状与结构复杂、不同材料复合的原型或零件，且零件的制造周期和成本与零件的形状和复杂度无关，仅与其净体积相关。

（2）成型过程自动化程度高

快速成型技术采用数字化的产品模型作为输入，成型过程无人工干预或人工较少干预，大大减少了对熟练技术工人的需求。在实体制造过程中，CAD 数据的转化可全自动完成，而不像数控加工技术还需要编程辅助人员处理数控程序。

（3）无须各类附件

任意复杂零件的加工生产仅需一台设备就可完成，不需要专用的工装、夹具和模具，因而大大缩短了新产品的开发成本和周期，其生产效率远胜于数控加工。整个系统的柔性高，只需要修改 CAD 模型就可以生产各种不同形状的零件。

（4）设计制造一体化

快速成型技术是计算机技术、数据采集和处理技术、材料技术等的综合体现，通过逐层的二维扫描形成复杂的三维零件，避免了数控加工的编程步骤，从根本上克服了设计与制造集成时工艺设计这一瓶颈问题，可实现高度的自动化，达到设计制造一体化的目的。

（5）材料利用率高

多数快速成型技术的材料加工具有多样性，复合材料、金属材料、陶瓷材料等均可用于快速成型。由于没有切削加工的废屑等浪费，其原材料的利用率接近 100%。

2. 缺点

虽然快速成型具有较多优点，但它也有一些缺点：

（1）对材料要求高

快速成型由于采用数字方法实现增材成型，因而对材料具有较高的要求。高端行业已可以实现塑料、金属或陶瓷打印，目前无法实现快速成型的材料都是较昂贵和稀缺的。虽然在快速成型配套材料上已取得一定进展，但仍然需要一些时日才能达到实用化的程度。

（2）产品的物理性能

快速成型的材料成型方式导致其生产出的产品在物理性能方面仍然无法与传统的成型或加工方法生产的产品相比。虽然某些性能已逐渐接近传统方法，如致密度、耐腐蚀性等，但诸如粗糙度轮廓、尺寸精度、光洁度、耐久性、刚度和强度等依然有较大差距。

（3）成本的考虑

快速成型采用叠加的方法来成型。对于常见尺寸的产品，在加工时间上较显优势，但由于材料成本和设备成本较高，不具有经济上的优势。尤其是一些大型的结构件，基于快速成型方法，一层一层的叠加更是需要花费以天计的时间，生产费用惊人。故快速成型目前多数还是用于结构较复杂，传统加工方法需要较多工序，而产品体积和质量合理的场合。

13.1.3　典型快速成型方法

1. 激光立体固化（SLA）

激光立体固化又叫光敏液相固化法。在液体槽内盛有液态的光敏树脂，在紫外线照射下产生固化，工作平台位于液面以下，成形作业时，聚焦后的激光束或紫外光光点在液面上按计算机指令由点到线、由线到面逐点扫描，被扫描到的位置处的光敏树脂固化，未被扫描照射到的位置处的光敏树脂仍然是液态。当一层扫描完成后，升降台下降一层片厚度的距离，重新覆盖一层牢固的粘结在前一层上，如此重复，直至整个三维零件制作完毕，其原理

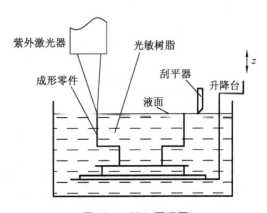

图 13-1　SLA 原理图

如图 13-1 所示。该方法适用于产品外形评估、功能试验、快速制造电极和各种快速经济模具。不足之处在于设备与材料价格较高，且光敏树脂具有一定的毒性。

2. 分层实体制造（LOM）

分层实体制造又叫实体叠层制造技术，是材料叠加技术与分离技术的组合。它利用背面带有黏胶的箔材或纸材通过互相黏结而成。单面涂有热熔胶的纸卷套在纸辊上，并跨过支撑辊绕在收纸辊上。伺服电机带动收纸辊转动，使纸卷沿前进方向移动一定距离。工作台上升与纸面接触，热压辊沿纸面自右向左滚压，加热纸背面的热熔胶，使该层纸与基板上的前层纸黏合。激光束跟踪零件的二维轮廓数据进行切割。每切割一截面，工作台连同被切出的轮廓层自动下降至一定高度，重复下一循环，直至形成一层层横截面粘叠的立体纸质原型零件。最后剥离废纸小方块，即可得到性能类似硬木的"纸质模型产品"。其原理如图 13-2 所示。该方法材料便宜，无相变，但成型后剥离费时，难以成型结构复杂的零件。

3. 选择性激光烧结（SLS）

选择性激光烧结，按照被加工的材料分为直接烧结法和间接烧结法。利用激光器对粉末材料进行选择性烧结，是一种由离散点一层层堆积成三维实体的工艺方法。在开始加工前，先在工作平台上铺一层粉末材料，然后激光束在计算机控制下按照截面轮廓形状对实体部分粉末进行烧结，使粉末熔化继而形成固体。一层完成后，其原理如图 13-3 所示。工作台下降一截面层高度，再铺一层粉末，进行下一层烧结，如此循环，直至完成零件。该方法无须设置支撑，表面粗糙度轮廓受粉末粒度限制，通常需要进行后处理。

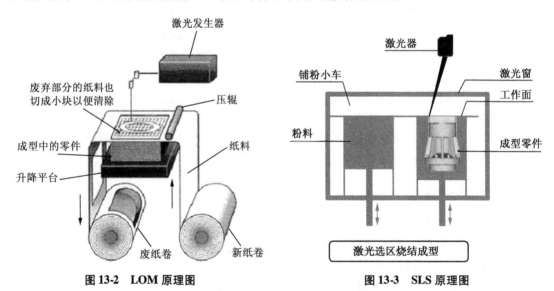

图 13-2　LOM 原理图　　　　图 13-3　SLS 原理图

4. 3D 打印（3DP）

3D 打印技术与选择性激光烧结 SLS 技术较类似。不同之处在于物理成型过程。3DP 使用的成型方法是用黏结剂将粉末材料黏结，而非使用激光对粉末材料加以烧结，在成型过程中没有能量的直接介入。其工作原理与打印机或绘图仪类似，含有黏结剂的喷头在计算机控制下，按照零件截面轮廓信息，在铺好的粉末材料工作平台上有选择性地喷射黏结剂，使之黏结在一起。一层粉末成型后，工作台下降一层，再铺上一层粉末，进行下一层轮廓黏结，如此循环，最终形成三维产品原型。其原理如图 13-4 所示。

该方法虽制作成本低,但尺寸精度较低,强度较低,适合制作小型零件原型。

5. 熔丝沉积成型(FDM)

熔丝沉积成型技术是一种不依靠激光作为成型能源,而将各种丝材加热融化的成型方法。其原理是加热喷头在计算机控制下,根据产品零件的截面轮廓信息做平面运动。热塑性丝材由供丝机构送至喷头,并在喷头中加热和融化成半液态,然后被挤压出来,有选择性地涂覆在工作台上,快速冷却后形成一层薄片轮廓。一层完成后,工作台下降一定高度,再进行下一层熔覆,如此循环,最终形成三维零件,如图 13-5 所示。

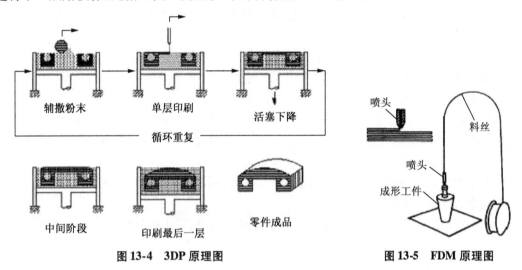

图 13-4　3DP 原理图　　　　图 13-5　FDM 原理图

13.2　FDM 快速成型技术

13.2.1　FDM 原理

FDM 依据离散化处理的 CAD 模型数据,计算标刻、层厚及一次挤压材料的数量等,将相应的数据传递给控制系统。控制系统根据上述数据在喷嘴中加热丝状的热塑性塑料,使之达到部分熔化状态,并被挤压出来,通过一个平面定位装置涂覆在前一层的平面上,部分熔化并被挤压出来的黏性塑料通过热传导熔化前一层及周围已经固化的材料,在随后的冷却过程中形成结合紧密的整体。当一层涂覆完成后,工作台下降一层距离,又开始新一层的涂覆。这一过程不断重复,直到一个完整的模型生成。

该技术可以加工塑料材料 ABS、人造橡胶及精密铸造用蜡等材料。上述几种材料具有不同的热和物理性能,因而喷嘴需根据材料不同而异,差异主要体现在驱动滚轮、驱动方式、加热方式和尺寸等方面。

FDM 技术的优点:

① 制造系统可用于办公室环境,无有毒气体和化学物质释放。

② 工艺简单、清洁、易于操作,基本无垃圾废料产生,且过程无须使用激光能量。

③ 可快速构建中空零件。

④ 原材料以卷轴线形式提供,易于搬运和快速更换,且材料成本低,塑料种类多。

FDM 技术的缺点：

① FDM 方法由于依靠热熔方式加热材料进行涂覆，故精度较低，难以构建结构复杂的零件。

② 垂直方向强度较小，且物理性能呈方向异性。

③ 速度较慢，不易构建大型零件。

13.2.2 FDM 典型步骤

（1）FDM 快速成型机启动及预热。打开 FDM 快速成型机电源，设置菜单，将工作台回零，将热床预热。

（2）数据格式转换。使用切片软件，将导入的三维模型数据层层切分，然后按照每一层轮廓生成代码，驱动 FDM 快速成型机的移动与涂覆。常见的切片软件有 Simplify3D，Cura，Xbuilder 等。在软件中还需要设置填充率和放大比率。

（3）安装耗材并铺设基底。将耗材卷轴安装到托架上，取出端部，穿入喷嘴接头，手动开启喷嘴加热，直至耗材能顺利地从喷嘴熔出。使用手动方式将耗材在热床工作台上铺设出基底。

（4）开始成型。使用 SD 卡或其他方式将切片软件处理结果导入 FDM 快速成型机中，使用快速成型机依据结果数据进行成型。

（5）结束成型。成型结束后，关闭 FDM 快速成型设备，待工作台冷却后取下零件。

提示

　　FDM 热塑性塑料的成型过程中，随着温度变化，其体积有较明显变化，因此在热熔成型过程中容易产生翘曲，影响成型精度。故一般 FDM 工作台具有热床功能，使成型过程中工作台保持一稳定温度。不宜有较强的气流或风吹过工作台周边。工作台应平稳水平放置。

　　成型过程中，需注意工作台温度，热床一般需预热至约 210 ℃高温，因此在 FDM 工作时，不可用手或人体其他部位直接触碰工作台，以免烫伤。

◎ 思考与练习 ◎

1. 简述 FDM 快速成型过程。

2. 简述 FDM 与典型的其他快速成型技术的区别。

3. FDM 快速成型过程中，为何会各向异性？如何设置零件对齐方位较合适？

4. 如何合理地在切片软件中设置零件的位置、比例和填充度？

第 14 章 真空注型技术

14.1 真空注型概述

14.1.1 真空注型技术概述

随着人们生活水平的提高,对生活用品的外形要求也越来越严格,在此背景下,机械制造业也在相应发展,对适合大规模复制、精度相对较高的模具需求量越来越大。但传统的模具行业模具设计过程较长,且经常需要反复地修模,难以适应现代化信息时代人们对快速消费品等产品多变的外形需求变化。尤其是一些较复杂的模具往往需多块组合而成,不但费用高、周期长,而且不易保证尺寸精度。真空注型使用的硅胶模具的产生很好地解决了这一问题。通过对产品原型用硅胶制作模具,采用真空注型机为模具设计和制造提供浇注样件,获得了极大的发展。

硅胶模具是一种价格较低、易普及的快速模具制造工艺。其具有良好的韧性,采用真空注型的方式,能够制作形状结构复杂、表面特征精细、尺寸稳定、符合材料特性的塑料零件,适用于产品开发设计过程中满足一定功能要求的小批量试制,或者为新产品设计提供一些结构验证和功能测试的样件,或者征询客户市场意见以争取订单,或者用于新产品商品化大量生产前做前期宣传展示及生产准备工作。

14.1.2 真空注型的功能与特点

1. 低成本短周期的小批量制作

只需要提供制作零件的三维数据,结合快速成型技术,便可以迅速地加工出用于复制快速模具的原型件,并在几天甚至更短的时间内制作出对应产品的硅胶模具,再利用硅胶模具浇注出塑料制品。这个周期同传统的钢模注塑件的生产周期相比,能够缩短 80%~90% 的时间。在小批量的情况下,加工成本是注塑模具的几十分之一。硅胶模具的使用寿命视零件的复杂程度一般可浇注 15~30 次,基本满足小批量产品的复制要求。

2. 材料选择的多样性

硅胶模具及其制品的材料多种多样。制品材料常见的是双组分聚氨酯 PU,其物理性能类似于常用的工程塑料 ABS,PP 等,也有类似于 PC 材料的透明浇注材料,或者类似于橡胶的弹性体材料,或者耐高温的特殊材料、防火材料。目前硅胶模具真空浇注一部分已进入机械制造领域并与金属模具竞争,用于代替金属模具生产蜡模、石膏模、陶瓷模和塑料件,乃至低熔点合金,如铅、锌及铝合金零件,其在轻工、塑料、食品和仿古青铜器等行业中的应用不断扩大。

3. 稳定的尺寸精度

作为真空注型模具材料的原材料，具有优异的仿真性、化学稳定性和极低的收缩率，可良好地再现原型制件上的细微特征，并且是保证制件尺寸精度的基本要素。除此之外，真空注型可以采用一整套规范的标准化作业流程来保证制品的最佳尺寸精度和机械性能，可以采用自动化手段精心控制工序过程中每一个环节的作业参数，包括配料重量、比例、脱泡、搅拌、预热、注型、固化等的过程和时间安排，达到稳定的尺寸精度。

4. 复杂工艺的零件试制

真空注型方法可以针对复杂工艺的零件采取试制方法，结合新型的模具技术和浇注工艺，实现复杂工艺，包括二次浇注、金属嵌件、熔模铸造、加色浇注等。二次浇注可以将两种或多种不同特性的材料结合在同一个物件上。通过二次浇注方法，可以在硬胶基材的壳体上包裹软胶，也可在 ABS 壳体上嵌入诸如装饰件或窗口的透明材料。金属嵌件可以将加工后的金属部件放入模具内后再浇注聚氨酯 PU 材料，以此满足对产品实际使用功能和机械强度的需求。熔模铸造使用工业石蜡或低熔点合金等易熔材料铸造获得型腔的内模芯，再以此放置到已经加工好的快速模具内浇注，浇注件经过加热后可将模芯熔化排出，得到完整的薄壁零件，可生产散热风管等整体成型的薄壁管道零件。浇注加色可以在浇注材料中加入所需要的颜色达到注塑件免喷涂的效果，或者在原型件表面喷涂纹理后再制模来模仿注塑模内蚀纹的效果。

14.1.3 真空注型机的工作原理与工艺

真空注型机利用真空泵在封闭的空间内进行抽真空，形成一个相对独立的真空空间。在此真空环境下对硅胶进行真空排泡，目的是使加工的硅胶模具组织更均匀，避免在浇注过程中形成气孔、砂眼等缺陷，从而提高模具的制作精度。硅胶模具制作完成后，再以此模具为母模，注入成型塑料，从而完成样件的浇注，得到合格的样件。

1. 原型样件表面处理

原型样件需进行打磨和防渗及强化处理，以改善原型样件的表面粗糙度轮廓。只有合格的、较高硬度的、表面粗糙度轮廓好的原型样件，才能使制作出的硅胶模型的型腔光洁，进而确保复制的样件具有较高的表面质量，有利于拆模和取出样件。

2. 制作型框并固定样件

依据原型的几何尺寸和硅胶模使用要求设计出浇注型框的形状和尺寸，型框的尺寸大小合适。在固定原型样件前，选择有利于取出原型样件的位置，作为分型面和浇口的位置。在处理完分型面、浇口选定后，将原型固定于型框中。

3. 混合硅胶并真空脱泡

根据制作的型框尺寸进行估算，计量选择与体积大小相同的硅胶。将计量好的硅胶与适当比例的固化剂分别装入真空注型机的大小料杯中，然后进行真空脱泡，脱泡时间根据达到的真空度来把握，一般需达到 95% 以上真空度。

4. 硅胶浇注并固化

在真空浇注机达到一定的真空度后，将硅胶与固化剂混合搅拌，浇注到已固定好原型的型框中，浇注后的硅胶模可自行室温固化或加温固化。

5．拆除型框取出原型

当硅胶模固化后，即可将型框拆除并去掉浇道棒等，参考原型的分型面标记位置用刀剖开硅胶模，将原型取出，并对硅胶模的型腔进行必要清理，便可利用所制作的硅胶模具在真空状态下进行树脂或塑料样件的制作。

14.1.4　真空注型机结构与参数

真空注型机一般采用箱体结构，真空度好，密封性好，结构简单，操作方便，主要包括真空泵、真空混合器、调速搅拌系统、电机传动系统、照明系统、安全可视窗、安全保护门、真空表等。从结构上主要分为 3 个区域：

① 真空区，是一个上下相通的空间，通过两扇门将其关闭，门上贴有密封条，当真空泵工作时，门需关闭，以维持真空区的真空度。真空注型的主要步骤真空脱泡和浇注都在真空区进行。

② 操作按钮区，是一个操作的控制区域，设有总电源启动及指示、真空表、真空启动开关、搅拌启动开关、快排启动及指示等，一些自动化程度较高的真空注型机还有触控面板和PLC 控制器。

③ 动力区，是真空泵工作的地方，在此真空泵工作以维持真空区的真空度。

真空注型机的技术参数主要有机器尺寸，电源规格，操作模式（是手动还是自动），真空工作空间的大小，真空泵的抽空量指标、抽真空时间，能达到的真空度，排气时间等。表 14-1列出了 HZK-1B 真空注型机的主要参数。

表 14-1　HZK-1B 真空注型机的主要参数

参数		参数值
真空室内腔尺寸/mm		700（宽）×500（深）×1200（高）
最大注型尺寸/mm		680（宽）×480（深）×540（高）
最大浇注材料量/L		2.5
外形尺寸/mm		850（宽）×1200（深）×1700（高）
重量/kg		600
真空泵	排量/（m³/h）	60
	电机功率/kW	1.5
	真空度/Pa	50

14.2　真空注型

14.2.1　真空注型原理

HZK-1B 真空注型机（如图 14-1 所示）。由前后两部分组成：前部分为真空室及其上门、下门和操作面板；后部分安装有真空泵、电磁阀和其他电器。真空室由不锈钢板制成，其上腔内装有倒料及搅拌装置，下腔内有支撑注型的升降平台。升降平台可用手柄调整高度，以适应不同大小的模框和硅胶模。

用该真空注型机进行硅胶模真空注型可制作形状很复杂、厚度小至 0.5~1mm、用其他方法难以制作的产品，还可方便地在硅胶模中嵌插金属件（如螺钉、螺母等）或将塑料件与产品浇注成一体。在搅料装置的左上方放置有 A 杯，中间靠后放置有 B 杯。A 杯中的料倒入 B 杯的料中后，即同时搅拌，使两组料混合搅匀并真空脱泡后，倒入漏斗，注入硅胶模框中（浇注硅胶模时）或硅胶模中（浇注塑料件时）。A 杯和 B 杯的倒料、回位、调速和搅拌的起、停、调速等工序，可用操作面板上相应的按钮，进行手动操作；也可用时间控制器进行自动操作（注意：A 杯不在回位状态，B 杯不能倾倒；B 杯不在回位状态，A 杯不能倾倒）。

由于浇注过程在真空室内进行，可将浇注材料中的空气排除（脱泡），使浇注出的产品无气泡、不疏松。

图 14-1　真空注型机

14.2.2　真空注型典型步骤

1．硅胶模制作

（1）检查和清洁原型零件（原型可用纸、木材、塑料和金属等耐 50~60 ℃温度的材料）。

（2）在原型的分型面处贴一圈透明胶纸并用色笔画出分型线。

（3）在原型四周约 20 mm 处围好模型外框。

（4）将原型固定在围框的中央，在适当位置放置浇注口，必要时安放一些通气柱。

（5）按比例称量硅胶和固化剂并倒入容器中搅拌混合。

（6）混合好的硅胶料放入真空室中进行抽真空脱泡。

（7）将真空脱泡后的硅胶从真空室中取出，注入围框中，将原型完全包裹住，形成硅胶模。

（8）将硅胶模放入真空室内，再次进行抽真空脱泡。

（9）将硅胶模放入烘箱中，60 ℃约 3 h 固化，若温度更高则固化更快，在室温下 10~15 h 固化（不同种类的硅胶固化时间不同）。

（10）沿色笔标示的分型线切开硅胶模，取出原型后重新合模，并用胶带将上下模粘结好。

（11）工作结束后，应立即将真空室、搅拌装置、升降平台、A 杯、B 杯及搅拌器清理干净。

2．塑料件的制作

（1）称量所制产品的质量，按规定比例确定 PU 材料及 A，B 两组料的质量。

（2）将两组料分别倒入 A 杯、B 杯，放入真空室内抽真空脱泡。

（3）用酒精将硅胶模分型面上的脏污擦净，在型腔中喷入脱模剂。

（4）将粘扎好的硅胶模放于真空室下腔升降平台上，调整好位置，连接好注料管。

（5）把 A 杯和 B 杯装在注料装置的相应位置上。

（6）关紧真空室上下门，启动真空泵抽真空到规定真空度。

（7）将 A 杯料倒入 B 杯，同时进行搅拌。A 杯回位后，B 杯料倒入漏斗注入硅胶模内，B 杯倒完料回位。

（8）浇注完毕,开启电磁阀使真空室进气恢复到大气状态,使浇注料挤压进模腔内。

（9）开真空室去除硅胶模及 A 杯、B 杯和搅拌器。

（10）将硅胶模放入烘箱,65～70 ℃左右加速固化。

（11）工作结束后,应立即将真空室、搅拌装置、升降平台、A 杯、B 杯及搅拌器清理干净。

提示

实验完成后及时清理残余料和树脂,防止长时间暴露于空气中难以清理。

硅胶的固化时间与固化时的温度、固化剂比例等有关,实际操作时需注意调整。

制件 PU 材料的组分性质,不同批次稍有不同,在浇注时需严格设定比例。

定期检查搅拌装置和升降平台是否正常,定期检查密封条是否损坏,如有微小损伤,可涂润滑脂临时应急,必要时更换密封条。定期检查门把手是否能扣紧,如不紧可调整锁螺帽的位置。真空泵是真空注型机的核心部分,维护和保养好真空泵是保证真空注型机正常工作的关键。按照《VCA60 旋片真空泵使用说明书》进行操作和维护保养。

硅胶、固化剂和 PU 制件材料使用完后需及时密封保存,这些材料在室温下暴露在空气中容易被氧化失效。

思考与练习

1. 简述硅胶模的制作过程和利用硅胶模制作塑料制品的过程。
2. 硅胶模与金属模相比有何特点? 何种情况下选用硅胶模?
3. 制作硅胶模时,如何选择浇注位置和分型面?
4. 利用硅胶模制作塑料制品时,为何要在上面扎通气孔? 在何处扎比较合适?
5. 在制作硅胶模和塑料制品时为何要抽真空?
6. 如何对真空注型的塑料制品进行后处理? 若含有气泡如何处理?

第15章 激光加工技术

15.1 激光加工概述

15.1.1 激光加工技术概述

激光作为一种新型的能源用于工业制造，区别于传统的以力、火、电为能源的制造方式。随着激光技术的不断发展，以更短波长、更高能量、更高品质的激光作为能源的新型激光制造系统不断涌现，推动着激光制造技术应用范围的拓展。激光被誉为"未来制造系统共同的加工手段"。激光制造技术包括连接技术、去除与分离技术、表面技术、成形技术、材料制备技术及微技术等。在大功率激光器诞生之后，已形成了激光焊接、激光切割、激光打孔、激光标记、激光表面热处理、激光合金化、激光熔覆、激光快速原型制造、金属零件激光直接成形、激光刻槽和掺杂等十几种应用工艺，在电子、机械、冶金、汽车、铁路、航空航天和船舶等工业部门得到越来越广泛的应用。

15.1.2 激光加工的功能与特点

激光加工是把高能量密度的激光束照射到工件上，在光热效应下工件局部产生高温熔融，在冲击波作用下熔融物质被喷射出去的综合作用过程。激光加工的主要参数为激光的功率密度、激光的波长和输出的频率、激光照射工件的时间及工件对能量的吸收等。根据工件和加工要求，对激光加工的主要参数进行合理选用，便可进行多种类型的加工，包括热处理、焊接、打孔、切割等。

激光加工具有较多优点，其功率密度可高达 10^8 W/cm² ，可以加工任何金属材料和非金属材料；激光加工无明显的机械力和工具损耗，速度快，热影响区小，易实现加工自动化；激光可通过玻璃等透明材料进行加工，透明材料经过处理后也可进行加工；激光可以形成微米级别的光斑，输出功率亦可进行调节，因此可进行精密的微细加工；激光加工最高可以达到 0.01 mm 的平均加工精度和 0.001 mm 的最高加工精度，表面粗糙度轮廓值可以达到 0.1 μm。

15.1.3 激光加工的精度

由于激光加工的工艺对象的最小尺寸只有几十微米，因而它的精度属于微米级。要达到这么高的精度要求，除保证光学系统和机械方面的精度外，还要考虑以下几点：

① 激光光束的影响。激光功率越大，照射时间越长，则工件所获得的激光能量就越大；短焦镜头聚焦后，在焦面上可以获得更高的功率密度。

② 辅助气体对激光加工效率提高的帮助。

③ 根据工件材料对光谱的吸收特性选择合适的激光器,高反射率和高透射率的工件在加工前应适当处理以提高利用率,并考虑工件运动速度与光斑直径的关系。

④ 焦点位置对于孔的形状和深度有很大的影响。焦点太高,在工件表面上形成的光斑很大且蚀除面积大,但深度浅,故激光的实际焦点位置一般在工件表面或微低于工件表面为宜。

15.2　激光打标

15.2.1　激光打标机工作原理

激光打标机利用激光束在各种不同的物质表面打上永久的标记,打标的效应是通过表层物质的蒸发露出深层物质,从而刻出精美的图案和文字。激光打标机主要分为二氧化碳激光打标机、半导体激光打标机、光纤激光打标机和 YAG 激光打标机。目前激光打标机主要应用于一些要求更精细、精度更高的场合,如电子元件、集成电路、电工电气、五金配件、眼镜钟表、首饰饰品、汽车配件等方面。

激光打标机主要由激光电源、激光器、扫描系统、聚焦系统和计算机控制系统组成,其实物如图 15-1 所示。激光电源为整个激光打标机提供动力。激光器是产生激光的元器件,是激光打标机的核心器件。扫描系统由光学扫描器和伺服控制两部分组成,整个系统采用新技术、新材料、新工艺、新工作原理设计和制造。光学扫描器采用的伺服电机具有扫描角度大、峰值扭矩大、负载惯量大、机电时间常数小、工作速度快、稳定可靠等优点。高稳定性精密位置检测传感技术提供了高线性度、高分辨率、高重复性和低漂移的性能。聚焦系统将平行的激光束聚焦于一点,不同的透镜焦距不同,打标效果和范围也不一样。计算机控制系统是整个激光打标机的核心控制和指挥中心,同时也是软件安装的载体,通过控制激光源、协调扫描系统完成对工件的打标处理。

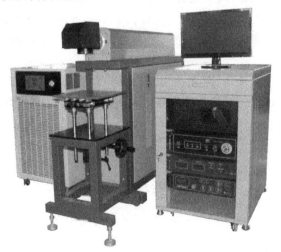

图 15-1　激光打标机实物

与传统的喷墨打标法相比,激光打标具有显著的特点:应用范围广,多种物质(金属、玻璃、陶瓷、塑料、皮革等)均可打上永久的高质量标记;对工件表面无作用力,不产生机械变形;对物质表面不产生腐蚀。

15.2.2　激光打标典型步骤

1. 开机

打开激光打标机，接通电源，按照总电源、激光打标机总开关、台面电源钥匙开关、工控机电源开关的顺序操作。注意开机过程中机器是否正常。

2. 转化格式

打开工控机软件，单击"新建""文件导入"功能导入欲打印的图案，单击"扫描位图"或者"轮廓描摹"将原始图案进行调整，将图案进行排列，可进行矢量图调整。按照比例关系设置放大倍数，最后保存文件，完成图案格式的转化。

3. 试打标

打开工控机上的打标软件，设置填充间距等打标参数，并打开激光器，将金属拨片放置在工作区，选择一小块工作区进行填充，并开始试打标，若焦距不理想则可调整工作台的高度。若效果仍不满意，则调整打印的参数，如功率、速度、频率等。

4. 打标

在试打标各项效果满意后进行打标。按照一定的位置将待打标的器件放置在工作台上进行打标。注意打标工件的摆放位置及打标过程中各项监控参数的合理示值。

5. 关机

打标完成后，检查机器无故障后，按照开机的逆顺序关闭各电源。打标机需定期进行保养。

提示

在对焦时，将标准样板放置在待打标处，通过摇动工作台手柄以调节激光头高低，在激光器参数不变的情况下，使得激光束在样板上打出的字体最清晰，则对焦完成。

若打标深度较浅，则采用减少速度参数或增大电流(功率)的方法使深度加深。

操作者眼睛不得正对激光束或凝视激光束过久，以免对眼睛造成永久伤害。

对金属或塑料件打标时会产生气味，塑料件更显严重，可采用通风措施，且操作人员应处于上风处。

保持工作场所和设备清洁，激光头上下运动部件每月检查一次润滑情况。注意不要触碰激光器和光学镜片。对光学镜片可定期使用无水酒精进行擦拭。

思考与练习

1. 简述激光打标的原理。
2. 激光打标如何调节参数？
3. 激光打标时深度和宽度与光学系统的焦距、激光器的功率、速度、频率间的关系如何？
4. 如何提高激光打标的效率？
5. 粉尘与污染等对激光打标有何危害？

第四篇 测量检测技术

第16章 测量检测技术概述

16.1 测量检测技术的内涵

测量检测技术是一门具有自身专业体系、涵盖多种学科、理论性和实践性都非常强的科学。熟知测量技术方面的基础知识,是掌握测量技能,独立完成机械产品几何参数测量的基础。

测量就是把被测量与有测量单位的标准量进行比较,从而确定被测量量值的过程。由于测量是机械产品中的零组件实现功能和互换性的重要保证,故在实际生产制造过程中,测量技术被广泛地应用。测量技术依据测量原理和测量方法的不同,可以分为直接测量技术和间接测量技术。测量的对象包括几何量、电磁量等。本章涉及的测量对象多为机械行业常见的几何量,诸如长度、角度、位移、速度、力、质量等。

为了满足机械产品的功能要求,在正确合理地完成可靠性、使用寿命、运动精度等方面的设计后,需进行加工和装配过程的制造工艺设计,确定加工方法、加工设备、工艺参数、生产流程和检测手段。其中,特别重要的环节就是质量保证措施中的精度检验。检测表示通过检验进行测定,对象通常是装置或者产品的质量与性能。一般包括检查和测量两部分。检测设备一般由三部分组成,即传感器、测量电路和显示器件。可以说,检测是在测量的基础上进一步判断测量的结果是否能够满足实际需要。在某些表述中,测量、检测、检验可以互相替换使用。

16.2 测量检测技术的相关基础理论

1. 测量误差与数据处理

由于计量器具与测量条件的限制或其他因素的影响,任何测量过程总是不可避免地存在测量误差,因此每个测得值往往只是在一定程度上接近真值,这种近似程度在数值上就表现为测量误差。测量误差就是被测量的测量结果与真值之差。产生测量误差的原因很多,主要包括计量器具误差、标准器具误差、方法误差、环境误差、人为误差等。根据误差出现的规律,可以划分为系统误差、随机误差和粗大误差。系统误差是按照一定规律变化的测量误差;随机误差则是在相同条件下多次测量同一数值,偏差以不可预见的方式变化的误差,但一般符合一些概率统计分布;粗大误差则是明显偏离了被测量真值的测量值所对应的测量误差,歪曲了测量结果。

正是由于测量过程中,不可避免地存在测量误差,因此需要对原始测量数据进行数据处理。由概率论知识可知,若误差中没有系统误差,测量次数无限增加,则算术平均值将接近真值,故可以使用平均值作为测量结果。算术平均值代替真值后的计算误差,称为残余误差(残差)。残差的代数和为零,且平方和最小。但由于随机误差是未知量,标准偏差无法确定,因此必须使用一些方法以估算标准偏差,常用的是贝塞尔方法。而系统误差一般不能使用概率统计的方法加以消除,应从产生误差的根源上加以处理。一般需要根据具体的测量标准,选择合适的方法,具体问题具体分析。常见的如为了防止测量过程中的零位变动,测量前应检查零位。理论上,系统误差应当可以完全消除,但由于诸多因素的影响,实际上只能减少到一定的限度。对于粗大误差,在测量中应尽可能避免。若粗大误差已经产生,则应根据判断粗大误差的准则予以剔除,通常采用3σ准则,即拉伊达准则。

2. 互换性与公差配合理论

任何一个零件,都是按照一定的工艺过程通过加工而得到的。由于设备与工艺的不完善,不可能做到使零件的尺寸和形状都绝对符合理想状态,设计参数与实际参数之间总是有误差的。为了保证零件的使用性能及制造的经济性,设计时必须合理地提出几何精度要求,即规定公差值,把加工误差限制在允许的范围内。因此在实际的机械加工中,始终存在着误差。加工工件时,必然会产生误差,只要误差的大小不影响设备的使用性能,是允许存在合理的误差范围内的。加工误差包括尺寸误差、形状误差、位置误差、表面粗糙度轮廓、表面波度等几何参数误差。公差则是允许工件尺寸、几何形状和相互位置变动的范围,用来限制加工误差,即公差是用来控制误差的,以保证零件的使用性能。

为了提高加工的效率,降低加工成本,在进行机械零件几何精度设计的过程中,应遵循互换性原则、经济性原则、匹配性原则和最优化原则。其中,互换性是机械加工中控制精度和成本的重要方法。互换性是某一产品(包括零件、部件、构件)与另一产品在尺寸、功能上能够彼此互相替换的性能。在机械行业,互换性表述为:按规定的几何、物理及其他质量参数的公差来分别制造机器的各个组成部分,使其在装配与更换时不需要辅助工具及修配便能很好地满足使用和生产上的要求。为了使零件具有互换性,不仅要求决定零件特性的技术参数的公称值相同,而且要求其实际值的变动限制在一定范围内,以保证零件充分近似,即按照"公差"来制造。互换性按照其程度可分为完全互换与不完全互换,不完全互换有分组互换、调整互换与修配互换。

16.3 测量检测技术发展趋势

1. 测量尺度向极大、极小方向扩展

随着先进制造技术的发展,制造对象的尺度往极大和极小的方向发展,其对应的加工对象的测量尺度也在不断变化。如前述特种加工中的微机械、微纳加工等细微尺寸,叶轮、叶片、风力、水力发电机械等大尺寸,测量的范围不断向极值化发展。

2. 测量自动化和集成水平进一步提高

随着机械制造行业自动化程度的提高,较多的流水线与生产线在制造行业得到运用,这些大批量产品线上的产品对象的测量与检测,需要能够无缝地将数据传递给自动化生产线的控制系统,并且满足高速大批量的时间响应要求,因此需要进一步提高测量系统的自动化和集成水平。

3. 测量方法拓展,形式多样化发展

随着各类先进技术的出现,测量方法日益发展,激光、离子、光学、非接触、超声波等各类方法和手段都在测量领域得到了应用。并且随着市场的发展,人们对产品外形的要求越来越高,曲线、曲面等自由形状的产品日益增多,这类对形状要求较高的零件,对测量形式的要求也越来越高。

思考与练习

1. 什么是测量?测量的要素有哪些?

2. 几何量测量的基本原则有哪些?

3. 互换性与公差的基本原理是什么?谈谈其与测量检测的关系。

4. 查阅相关资料,了解测量头与工件的接触形式有哪些?各有哪些特点?

5. 形位公差是互换性中的重要指标,简述其包含的主要内容。如何对各形位公差进行测量检测?各有哪些注意事项?

6. 表面粗糙度轮廓也是测量的重要内容之一。请查资料了解如何对其进行检测与测量。

第17章 逆向扫描技术

17.1 光学扫描概述

光学扫描设备是一类以光学方法采集被测物体表面形貌或轮廓的光学系统总称。这类基于光学的扫描方法是传统的接触式测量方法的有力补充，具有扫描测量速度快、精度可靠、全场性好等优点。随着逆向工程技术的广泛应用，该类光学扫描设备得到了极大地发展与进步。这是因为在逆向工程应用中，扫描测量的好坏，直接影响着对被测实体描述的精确、完整程度，影响数字化实体几何信息的速度，进而影响重构的 CAD 曲线、曲面和实体模型的质量，并最终影响整个逆向过程的进度与质量。因此逆向扫描测量，也就是光学扫描处于整个工程的开始，却是一个关键技术。

17.1.1 光学扫描技术的分类

光学扫描技术按照使用具体光学技术方法的不同，可以分为干涉法、激光三角法、莫尔条纹法、飞行时间法、结构光法等。

（1）干涉法

干涉法通过测量两束相干光的光程差来计算物体的高度分布，测量精度相当高，但测量范围小，抗干扰能力弱，不适合测量凹凸变化大的复杂曲面。

（2）激光三角法

激光三角法基于光学三角形测量原理，以激光作为光源（其结构形式有光点、单线条、多光条等）投射到被测物体表面，并采用光电敏感元件在另一位置接收激光的反射能量，根据光点或光条在物体上成像的偏移，通过被测物体基平面、像点、像距等之间的关系计算物体的深度信息。激光三角法已经成熟，目前已走向实用。如果采用线光源，激光扫描测量方法可以达到很高的测量速度。英国 3DSCANNER 公司生产的 REVERSA 激光测头扫描速度达 15 000 点/s，测量精度达到了 0.025 mm。

（3）莫尔条纹法

莫尔条纹法基于相位偏移测量原理。光栅条纹被投射到被测物体表面后，经物体表面形状的调制，其条纹间的相位关系会发生变化，通过数字图像处理的方法可解析出光栅条纹图像的相位变化量，从而获取被测物体表面的三维信息。

（4）飞行时间法

飞行时间法利用光线飞行的时间来计算距离，常采用激光和脉冲光束。比较典型的应用就是电子经纬仪交会测量法。这种方法测速慢，工作量大，测量相当困难，但可以测很大的物体。

（5）结构光法

结构光法是目前高精度光学测量扫描技术的主流,它主要利用白光或激光形成对被测对象的扫描运动,配合光电器件及电子技术与计算机,构成各种精密测量方法。这种技术适于精密自动检测与远距离检测,特别适宜于对弹性体、柔性体、高温物体做精密测量。近年来这种光扫描技术发展很快,主要原因有:① 激光器商品化,价格大幅度降低,寿命大大延长,完全可以应用在产品上;② 光电子技术迅猛发展,数字显示、微计算机大批量生产与应用;③ 体积小,作业效率高。

17.1.2　光学扫描设备的功能与特点

光学扫描设备的作用是获得物体几何表面的点云(Point Cloud),这些点可作为基础数据,用来插补形成物体的表面形状,点云越密集,创建的模型越精确(这个过程称为三维重建)。若光学扫描设备能够采集到物体表面的颜色,则可进一步在重建的表面上粘贴材质贴图,亦即所谓的材质印射(Texture Mapping),进而得到具有丰富表面纹理和色彩信息的被测物体数字化模型。

结构光三维扫描仪测量方法可以对处于两个(多个)摄像机共同视野内的目标特征点进行测量,而无须伺服机构等扫描装置。非接触式结构光三维扫描仪测量技术的关键是空间特征点在多幅数字图像中提取与匹配的精度与准确性等问题。该类方法将有空间编码的特征的结构光投射到被测物体表面,从而产生了被测物体的测量特征的方法,这有效解决了测量特征提取和匹配的问题。结构光投影测量法被认为是目前三维形状测量中最好的方法,其原理是将具有一定模式的光源,如栅状光条,投射到物体表面,然后用两个镜头获取不同角度的图像,通过图像处理的方法得到整幅图像上像素的三维坐标,这种非接触式机构光三维扫描仪方法具有速度快、无须运动平台的优点。

德国 GOM 公司的 ATOS 光学扫描测量系统可以在 1 min 内完成一幅包括 430 000 点的图像测量,精度可达 0.03 mm,目前最新型号测量系统的精度已达到 0.002 mm。但它仍然存在着图像获取和处理时间长、测量量程短等问题。随着计算机软硬件和相应算法的发展,相信这项技术存在的问题会很快得到解决,因此面结构投影测量技术是目前国际上争相发展的一种测量技术,也是最有前途的测量技术之一。

17.2　结构光扫描

17.2.1　结构光原理

结构光测量方法是一种主动式的测量方法,由 Poppleston 等人在 20 世纪 70 年代首次提出,现在基于结构光的三维测量技术逐渐发展成熟。结构光三维测量技术以其结构简单、测量速度快、精度高成为光学测量中的首选方案。根据结构光投射模式的不同,可以分为点结构光模式、线结构光模式、多线结构光模式和网格结构光模式。

（1）点结构光模式

如图 17-1 a 所示,激光器投射一束激光,在物体表面形成一个亮点,亮点经过透视成像到摄像机的像平面上,即可得到一个点的三维信息。该模式获得的信息量较少。

（2）线结构光模式

如图17-1b所示，激光器用线光源代替点光源，在空间中投射一窄的激光平面，当与物体的表面相交时会在物体的表面产生一条亮的光条，通过计算，便可以获得该光条上的三维信息。很显然，与点结构光模式相比，线结构光模式实现的复杂性没有增大，但测量的信息量有了极大的提高，因此得到了广泛的应用。

（3）多线结构光模式

如图17-1c所示，激光器向物体表面投射了多条光条，实现了物体表面的多光条覆盖，这样就可以获得多个光条上的三维信息。与线结构光模式相比，多线结构光模式的测量范围大大增加，但同时带来了标定的复杂性的增加和光条匹配的问题。

（4）网格结构光模式

如图17-1d所示，该方法可以提取多面体上平面区域的位置和方向，采用高对比度的网格照明，使用算法求得网格的边缘，可以重建一个网格表面信息。但该方法的计算量很大。

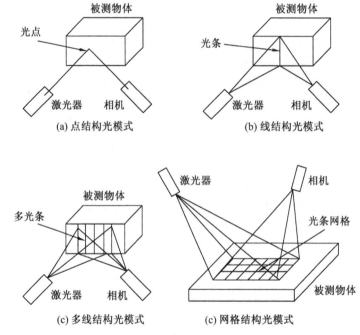

图 17-1　结构光扫描模式

17.2.2　结构光扫描典型步骤

在产品方面，近10年来国内高校掀起了学习应用计算机视觉的热潮，有了不少成果，并且许多高校都实现了研究成果商业化。图17-2为部分国内比较著名的光学测量系统。Digi-metric三维摄影测量系统是由北京天远三维科技有限公司自主研发的，在测量时，被测物体表面贴上标志点，相机采集多副含有标志点特征的图像，根据标志点特征实现多图像的自动拼接，完成整个物体的三维测量。OKIO系列三维扫描仪同样是由北京天远三维科技有限公司研制的，它采用双目立体视觉原理，实现物体的三维重建。上海数造机电科技有限公司的3DSS系列三维扫描仪，采用的是结构光光栅测量，通过光栅相位的编码和解码，完成物体三维重构,在测量过程中需要复杂的相位展开计算。

(a) Digimetric系统　　　(b) OKIO系统　　　(c) 3DSS系统

图 17-2　部分国内结构光测量产品

三维扫描光栅编码法测量组成原理如图 17-3 所示,光源照射光栅,经过投射系统将光栅条纹投射到被测物体上,经过被测物体型面调制形成测量条纹,由双目摄像机接受测量条纹,应用特征匹配技术、外极线约束准则和立体视觉技术获得测量曲面的三维数据。

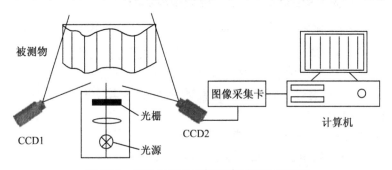

图 17-3　三维扫描光栅编码法测量组成原理

下面以北京天远 OKIO 系列光学三维扫描仪为例,介绍柴油机一进排气道芯模结构光扫描的主要操作步骤。OKIO 系列光学三维扫描仪关键部位包括:① 计算机,用于控制系统操作、数据处理和结果显示;② 光栅发射器,用于投射光栅;③ CCD 摄像机两架,用于拍摄图像;④ 1394 卡及线缆,用于 CCD 和计算机的连接;⑤ 标定块,用于系统定标;⑥ 标志点,用于标志点拼接。

1. 标定

① 确认左右摄像机拍摄场景及光栅视窗均打开,光栅视窗投射白光。

② 将标定块放在视场中央,左右摄像机拍摄场景会实时显示拍摄的图像,调整好摄像头到标定块的距离后移动标定块的位置,使得看到尽可能多的圆点,如图 17-4 所示。

③ 选择菜单“定标”,然后选择“摄像机定标”或者单击“工具栏”中图标,弹出如图 17-5 所示对话框。

④ 在图 17-5 所示的“标志点”(中依次单击“位置 1”“位置 2”“位置 3”“位置 4”“位置 5”“位置 6”进行点位置定标,具体如下:

a. 单击“位置 1”进行位置 1 的拍摄。

b. 位置 1 拍摄完后,通过三脚架的摇柄移动测量头,使其上升或下降一定的距离,单击“位置 2”进行位置 2 的拍摄。

c. 位置 2 拍摄完后,通过三脚架的摇柄移动测量头,使其向步骤 b 中测量头移动的反方向下降或上升一定的距离,单击“位置 3”进行位置 3 的拍摄。

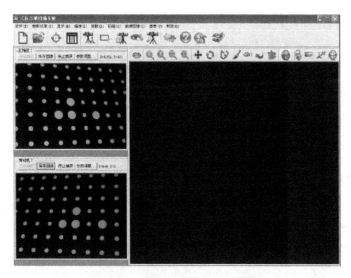

图 17-4　标定块在视场中的位置　　　　图 17-5　"摄像机定标"对话框

　　d. 位置 3 拍摄完后,通过改变定标块的角度或移动测量头的角度,调整测量头的高度到中间位置,单击"位置 4"进行位置 4 的拍摄。

　　e. 位置 4 拍摄完后,通过三脚架的摇柄移动测量头,使其上升或下降一定的距离,单击"位置 5"进行位置 5 的拍摄。

　　f. 位置 5 拍摄完后,通过三脚架的摇柄移动测量头,使其向步骤 e 中测量头移动的反方向下降或上升一定的距离,单击"位置 6"进行位置 6 的拍摄。

　　⑤ 点位置定标完成后,把定标块翻到背面进行平面位置定标。如果左右相机视场的亮度不合适,可通过调整左右摄像机参数来调整视场亮度。在图 17-5 所示的"平面"中依次点击"位置 1""位置 2""位置 3"进行平面位置定标,具体如下:

　　a. 单击"位置 1"进行位置 1 的拍摄。平面位置定标的位置 1 和标志点定标的位置 1 基本对应。

　　b. 位置 1 拍摄完后,通过三脚架的摇柄移动测量头,使其上升或下降一定的距离,单击"位置 2"进行位置 2 的拍摄。

　　c. 位置 2 拍摄完后,通过三脚架的摇柄移动测量头,使其向步骤 b 中测量头移动的反方向下降或上升一定的距离,单击"位置 3"进行位置 3 的拍摄。

　　⑥ 所有位置拍摄完后,单击如图 17-6 中所示的"定标"按钮进行定标。系统弹出定标结果对话框,如图 17-7 所示。

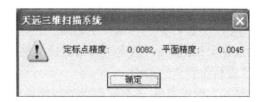

图 17-6　确定定标　　　　　　　　　图 17-7　定标结果

2. 扫描测量

选择样件,对样件进行三维扫描,获取相关点云数据,如图 17-8 至图 17-11 所示。若被测样件表面光学性质不佳,可采取喷显影剂的方式,在被测物体表面形成均匀的白色反射基层。

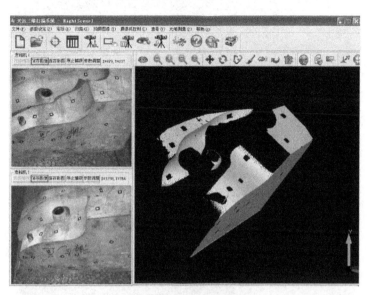

图 17-8　第一次扫描处理

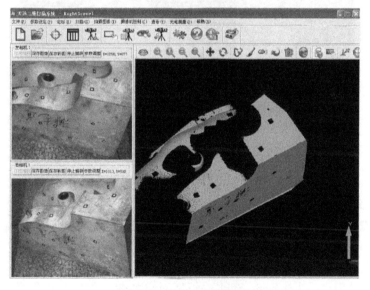

图 17-9　第二次扫描处理

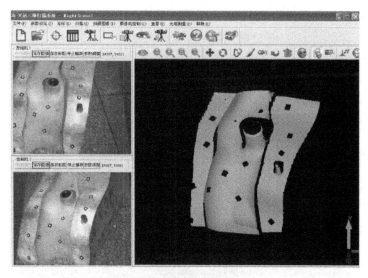

图 17-10　第三次扫描处理

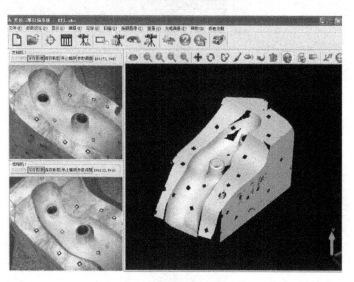

图 17-11　扫描数据拼接效果图

3．数据处理

将三维扫描数据文件导入 Geomagic Studio 软件中，对点云数据进行处理，最后进行曲面生成，保存为 IGES 格式文件。

（1）点阶段

将所得点云数据导入 Geomagic Studio 软件，对点的数量与质量进行处理（包括删除杂点、去除噪声点、点数量优化等操作），如图 17-12 所示。主要步骤如下：

①　导入点云数据；

②　去除噪点或者多余点云，选择"编辑"—"选择工具"—"套索"，然后选择"点"—"减少噪声"；

③　数据采样；

④　封装三角形网格。

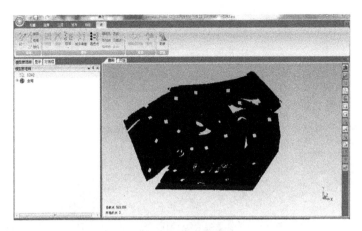

图 17-12　点云图

（2）多边形阶段

将处理好的点群进行封装，进入多边形处理阶段（包括多边形的修补、多边形数量的调整、多边形的光顺、多边形的检测与校验等操作），如图 17-13 所示。主要步骤包括：

① 填充内、外部孔；

② 去除特征；

③ 拟合圆孔；

④ 松弛和编辑边界；

⑤ 砂纸及松弛；

⑥ 删除钉状物，清除及修复相交区域。

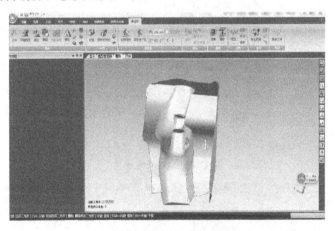

图 17-13　多边形阶段图

（3）曲面阶段

构造曲面片并检验合格，建立格栅后拟合曲面，如图 17-14 至图 17-18 所示。主要步骤包括：

① 进入曲面阶段；

② 探测轮廓线；

③ 编辑轮廓线；

④ 延伸轮廓线并对延伸线进行编辑；

⑤ 构造曲面片；

⑥ 移动面板；

⑦ 构造栅格；

⑧ 拟合曲面；

⑨ 保存文件。将文件保存为 IGES 格式。

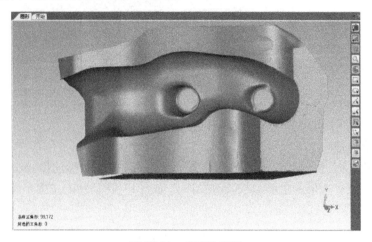

图 17-14　曲面阶段图

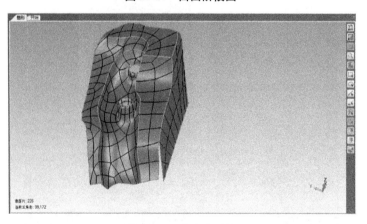

图 17-15　构造曲面片

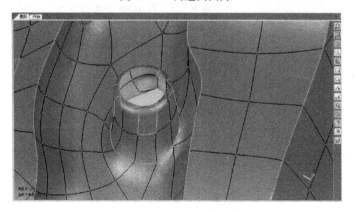

图 17-16　曲面片修改图

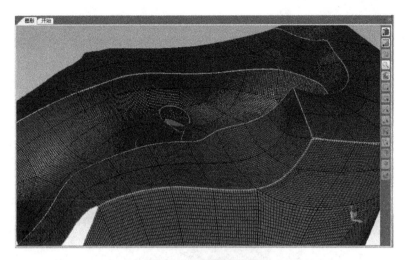

图 17-17　格栅处理图

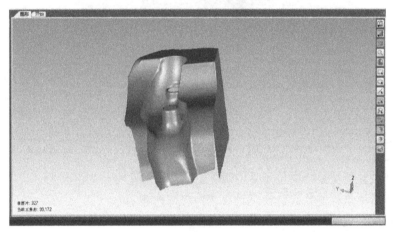

(a) 主视图

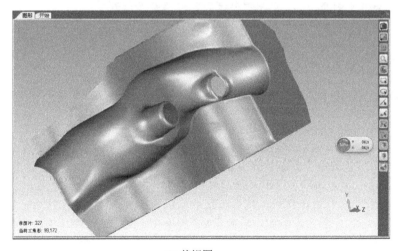

(b) 俯视图

图 17-18　曲面效果

4. CAD 数据

将数据导入 UG 软件，如图 17-19 所示。

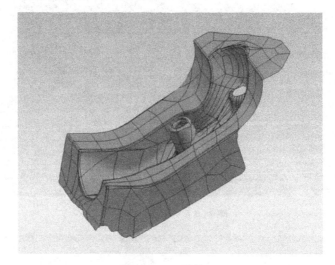

图 17-19　样件 1

◎ 思考与练习 ◎

1. 试结合文献简要分析实验所用 OKIO 设备的测量原理。
2. 标定所用的原理是什么？标定过程中有何注意事项？
3. 简述标志点拼接的原理和作用。
4. 简述 Geomagic Studio 数据处理的主要步骤。
5. 以模型的装配测量为例，进行装配体的整体测量与拼接。

第18章 三坐标测量技术

18.1 接触测量概述

18.1.1 接触测量技术概述

数控加工技术解决了产品数字化加工制造的生产问题,坐标测量机则解决了产品加工制造过程中的数字化检测问题。坐标测量机不仅可以在几何空间上对产品的几何尺寸和形位公差进行测量,而且可以对自由曲线曲面进行测量。坐标测量机自1959年由英国Fementi公司发明以来得到了极大的发展。我国也具备了生产精密型坐标测量机的能力。坐标测量机可以配合数控机床、加工中心等数字化加工设备,通过集成技术,实现设计、制造和检测一体化。

接触式坐标测量技术是在机械手臂的末端安装探头,通过与工件表面接触来获取表面信息,目前最常用的接触式测量系统是三坐标测量机(Coordinate Measuring Machine,CMM)。传统的坐标测量机多采用机械探针等触发式测量头,可通过编程规划扫描路径进行点位测量,每一次获取被测面上一点的坐标值(x, y, z),测量速度较慢。CMM的优点是测量精度高,对被测工件无特殊要求,对不具有复杂内部型腔、特征几何尺寸繁多、只有少量特征曲面的被测工件,CMM是一种非常有效、可靠的三维数字化手段。它的缺点是不能对软物体进行精密测量;价格昂贵,对使用环境要求高;测量速度慢,测量数据密度低,测量过程需人工干预;在数据处理过程中,还需要对测量结果进行探头损伤及探头半径补偿,无法测量小于测头半径的凹面工件。这些不足限制了它在快速反求领域中的应用。

18.1.2 接触测量的功能与特点

坐标测量机能够得到广泛应用,最重要的原因就在于它的通用性和高自动化程度。它具有测量范围大、准确度高、测量效率高等特点,且具有自学功能,可以记忆测量过程甚至进行自动化建模测量,在自动化生产线和柔性加工流水线中可实现主动测量或自动检测,并能对连续曲面进行扫描测量,为自动化加工、检测系列化提供有力手段。坐标测量机作为现代大型精密智能仪器,越来越显示出其重要性和广阔的发展前景。

一般的坐标测量机通过探测传感器(测头)与测量空间轴线运动的配合,获取被测几何元素进行离散的空间点坐标,然后通过相应的数字计算定义,完成对所测得的点(点群)的拟合计算,还原出被测的几何元素,并在此基础上进行测量值与理论值(名义值)之间的偏差计算与后续评估,从而完成对被测零件的检验工作。

接触式测量的特点:测量精度高;工作适应性强;测量结果一致性好;一次装夹能完成尽

可能多的复杂测量；能完成人工无法胜任的测量工作。

18.2 三坐标测量

18.2.1 三坐标测量原理

CMM 是一种测量设备，它在三个相互垂直的方向上有导向机构、测长元件、数显装置，有一个能够放置工件的工作台，测头可以用手动或机动方式轻快地移动到被测点上，由读数设备和数显装置把被测点的坐标值显示出来。有了 CMM 的这些基本机构，测量容积里任意一点的坐标值都可通过读数装置和数显装置显示出来。

CMM 的采点发信装置是测头，在沿 X,Y,Z 三个轴的方向装有光栅尺和读数头，其测量过程就是当测头接触工件并发出采点信号时，由控制系统去采集当前机床三轴坐标相对于机床原点的坐标值，再由计算机系统对数据进行处理。

在测头内部有一闭合的有源电路，该电路与一个特殊的触电机构相连接，若触发机构发生触发动作，就会引起电路状态变化并发出声光信号，指示测头的工作状态；触发机构产生触发动作的唯一条件是测头的测针产生微小的摆动或者测头内部移动，当测头连接在机床主轴上并随主轴移动时，只要测针上的触头在任意方向与工件（任何固体材料）表面接触，使测针产生微小的摆动或移动，都会立即导致测头产生声光信号，指明其工作状态。

在测量过程中，当测针的触头与工件接触时，测头发出指示信号，该信号由测头上的灯光和蜂鸣器鸣叫组成，该信号向操作者指明触头与工件已经接触。对于具有信号输出功能的测头，当触头与工件接触时，测头除发出上述指示信号外，还通过电缆向外输出一个经过光电隔离的电压变化状态信号。其基本过程如下：

① 测量时把被测件置于测量机的测量空间中。

② 通过机器运动系统带动测头对测量空间内任意位置的被测点瞄准，当瞄准实现时测头即发出读数信号。

③ 通过测量系统获得被测物体上各测点的坐标位置。

④ 根据这些点的空间坐标值，通过专业测量软件对被测物体的规格尺寸、形状和相互位置关系进行快速和精确（微米级）地计算与输出。

因此，三坐标测量实际上可看作数控加工的逆过程。

18.2.2 三坐标测量的基本构成及类型

三坐标测量机一般由主机（包括光栅尺）、电气系统（控制柜）、软件系统（计算机系统）及测头组成，如图 18-1 所示。

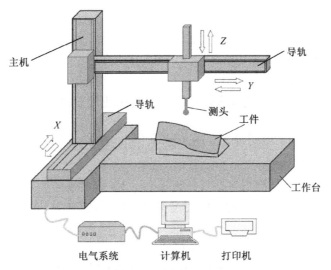

图 18-1 三坐标测量机示意图

三坐标测量机的结构类型主要有悬臂式(图 18-2 a)、龙门式(图 18-2 b)、桥式(图 18-2 c)等。悬臂式测量机开敞性较好,但精度稍低,一般适用于小型零部件测量;桥式测量机承载力较大,开敞性较好,精度较高,是目前中小型测量机的主要结构形式;龙门式测量机一般为大中型测量机,要求有好的地基,相对测量尺寸有足够的测量精度。

(a) 悬臂式　　　　　　　　(b) 桥式　　　　　　　　(c) 龙门式

图 18-2 三坐标测量机结构类型

18.2.3 三坐标测量特点

(1)柔性定位。三坐标测量机探头柔性强,能手动或自动实现 X, Y, Z 轴移动,探针带有角度旋转功能,能实现找正、旋转、平移及坐标存取等。

(2)几何元素测量。通过改变探头角度及软件编程,可实现点、直线、平面、圆、圆柱、圆锥、球、相交、距离、对称、夹角等几何元素的测量。

(3)形位公差的计算。即直线度、平面度、圆度、圆柱度、垂直度、倾斜度、平行度、位置度、对称度、同心度等形位公差的计算。

(4)位置误差判定。即平行度、垂直度、平面度、倾斜度、同轴度、对称、位置度等位置误差判定。

(5)脱机编辑系统。即自学习编程、脱机编程、自检纠错功能、CAD 导入系统功能等。

(6)支持多种数据输出方式。即传统的数据输出报告、图形化检测报告、图形数据附注、数据标签输出等。

18.2.4　三坐标测量典型步骤

CMM 的操作流程如图 18-3 所示。

1. 测头的选择与校准

根据测量对象的形状特点选择合适的测头。测头使用时，应注意以下几点：

① 在测量时，尽可能采用短测头。测头越长，挠度越大，测头弯曲或者偏斜越大，精度越低。

② 连接点最少。每次将测头与加长杆连接在一起时，就额外引入了新的潜在歪曲和变形点，因此在应用过程中，应尽可能减少连接的数目。

③ 测球尽可能大。大的测球可使球/杆的空隙最大，这样减少了由于"晃动"而误触发的可能，测球直径较大可削弱被测表面未抛光对精度造成的影响。

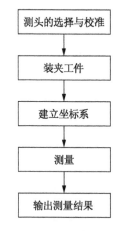

图 18-3　CMM 操作流程

系统开机、程序加载后，需在程序中建立或选用一个测头文件，在测头被实际应用前，进行校验或校准。

测头校准是 CMM 进行工件测量前必不可少的步骤，因为一台测量机配备有多种不同形状及尺寸的测头和配件，为了准确获得所使用测头的参数信息（包括直径、角度等），以便进行精确的测量补偿，达到测量所要求的精度，必须要进行测头校准。一般步骤如下：

① 将探头正确地安装在 CMM 主轴上。

② 将探针在工件表面移动，看待测几何元素是否均能测到，检查探针是否清洁，一旦探针的位置发生改变，就必须重新校准。

③ 将校准球放在工作台上，要确保不移动校准球，并在球上测量点数据，测点最少为 5 个；测完给定点数后，就可以得到测量所得的校准球位置、直径、形状偏差，由此可以得到探针的半径值。

测量过程中所有要用到的探针都要进行校准，而且一旦探针改变位置，或取下后再次使用时，须重新进行校准。

2. 装夹工件

CMM 对被测产品在测量空间的安装基准无特别要求，但要方便工件坐标系的建立。由于 CMM 的实际测量过程是在获取测量点的数据后，以数学计算的方法还原出被测几何元素及它们之间的位置关系，因此，测量时应尽量采用一次装夹完成所需数据的采集，以确保工件的测量精度，减少因多次装夹而造成测量换算误差。一般选择工件的端面或覆盖面大的表面作为测量基准，若已知被测件的加工基准面，则应以其作为测量基准。

3. 建立坐标系

在测量零件之前，必须建立精确的测量坐标系，便于零件测量及后续的数据处理。测量较为简单的几何尺寸（包括相对位置）使用机器坐标系即可，而测量一些较为复杂的工件，需要在某个基准面上投影或多次进行基准变换，测量坐标系（或称工件坐标系）的建立在复杂工件的测量过程中显得尤为重要。建立测量坐标系的界面如图 18-4 所示。

图 18-4 建立测量坐标系

使用的坐标系对齐方式取决于零件类型及零件所拥有的基本几何元素情况,其中用最基本的面、线、点特征来建立测量坐标系有 3 个步骤,并且有严格的顺序,如图 18-5 所示。

① 确定空间平面,即选择基准面。通过测量零件上的一个平面来找准被测零件,保证 Z 轴垂直于该基准面。

② 确定平面轴线,即选择 X 轴或 Y 轴。

③ 设置坐标原点。

实际操作中先测量一个面将其定义为基准面,即建立 Z 轴的正方向;再测一条线将其定义为 X 轴或 Y 轴;最后选择或测一点将其设置为坐标原点,完成测量坐标系的建立。以上方法是测量中最常用的测量坐标系的建立方法,通常称为 3-2-1 法。若同时需要几个测量坐标系,可以将其命名并存储,再以同样的方法建立第二个、第三个测量坐标系,测量时灵活调用即可。

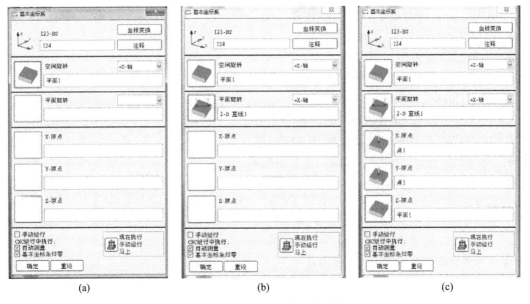

(a)   (b)   (c)

图 18-5 确定测量坐标系的步骤

4. 测量

CMM 所具有的测量方式主要有手动测量、自动测量。手动测量是利用手控盒手动控制测头进行测量，常用来测量一些基本元素。所谓基本元素是直接通过对其表面特征点的测量就可以得到结果的测量项目，如点、线、面、圆、圆柱、圆锥、球、环带等。如手动测量圆，只需测量一个圆上的三个点，软件会自动计算这个圆的圆心位置及直径，这就是所谓的"三点确定一个圆"，为提高测量基准度也可适当增加测量点数。表 18-1 绘出了三坐标测量点数的最低要求。

某些几何量是无法直接测量得到的，必须通过对已测得的基本元素进行构造得出（如角度、交点、距离、位置度等）。同一面上两条直线可以构造一个角度（一个交点），空间两个面可以构造一条线。这些在测量软件中都有相应的菜单，按要求进行构造即可。

自动测量是指在 CNC 测量模式下，执行测量程序控制测量机自动检测。

表 18-1   三坐标测量元素最少测量点数

元素	最少探测点	元素	最少探测点
点	1	球	4
2-D 直线	2	圆环	7
平面	3	对称面	4
对称点	2	椭圆	5
圆	3	方槽	5
圆柱	5	圆槽	5
圆锥	6		

5. 输出测量结果

CMM 在进行测量分析和检测时，为规范起见，可检测后出具检测报告。在测量软件初始化时必须设置相关选型，否则无法生成报告。每一测量结果都可选择是否出现在报告中，需要根据测量要求的具体情况设定，报告形成后可选择"打印"输出，如图 18-6 所示。

逆向工程中用 CMM 完成零件表面数字化后，为转入主流 CAD 软件中继续完成数字几何建模，需将测量结果以合适的数据格式输出，不同的测量软件有不同的数据输出格式。

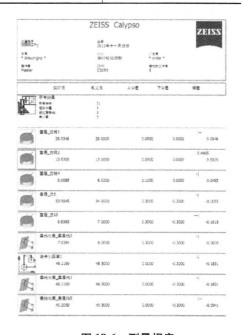

图 18-6   测量报表

◎ 思考与练习 ◎

1. 三坐标测量机作为一种精密的测量设备,如果维修与保养及时,就能延长机器的使用寿命,并使其精度得到保障,降低故障率。思考三坐标测量机在使用过程中的注意事项。

2. 根据在 CMM 测量和检测时被测对象零件有无对应的 CAD 数模,检测可分为无 CAD 数模和基于 CAD 数模两大类。CMM 可实现基于 CAD 数模的零件自动检测,不但精度高、重复性好,而且智能化程度高。基于 CAD 模型开展零件的检测练习。

参 考 文 献

［1］黄宗南,洪跃. 先进制造技术[M]. 上海:上海交通大学出版社,2010.

［2］耿德旭,胡侃. 先进制造技术实训[M]. 北京:科学出版社,2013.

［3］曹风. 先进制造技术[M]. 北京:科学出版社,2014.

［4］李宇义. 先进制造技术[M]. 北京:机械工业出版社,2011.

［5］李长河,丁玉成. 先进制造工艺技术[M].北京:科学出版社,2011.

［6］唐一平. 先进制造技术[M]. 北京:科学出版社,2013.

［7］李发致. 模具先进制造技术[M]. 北京:机械工业出版社,2003.

［8］李文斌,李长河,孙未. 先进制造技术[M]. 武汉:华中科技大学出版社,2014.

［9］何涛,杨竞,范云,等. 先进制造技术[M]. 北京:北京大学出版社,2006.

［10］王润孝. 先进制造系统[M].西安:西北工业出大学版社,2001.

［11］张海伟. 先进制造技术[M].天津:天津大学出版社,2013

［12］曹岩. 先进制造技术[M].北京:化学工业出版社,2013.

［13］王庆明. 先进制造技术导论[M].上海:华东理工大学出版社,2007.

［14］郭黎滨,张忠林,王玉甲. 先进制造技术[M]. 哈尔滨:哈尔滨工程大学出版社,2009.

［15］李彬. 先进制造与工程仿真技术[M].北京:北京大学出版社,2013.

［16］宾鸿赞. 先进制造技术[M].武汉:华中科技大学出版社,2010.

［17］周俊. 先进制造技术[M].北京:清华大学出版社,2014.

［18］苏春. 数字化设计与制造[M].2版.北京:机械工业出版社,2009.

［19］龚友平. 机械产品数字化设计技术[M].北京:机械工业出版社,2013.

［20］王玉新. 数字化设计[M].北京:机械工业出版社,2003.

［21］杨平,廖宁波. 数字化设计制造技术概念[M].北京:国防工业出版社,2005

［22］阎楚良,杨方飞. 机械数字化设计新技术[M].北京:机械工业出版社,2007.

［23］杨海成,王俊彪. 数字化设计制造技术基础[M].西安:西北工业大学出版社,2007.

［24］陈雪芳,孙春华. 逆向工程与快速成型技术应用[M].北京:机械工业出版社,2013.

［25］郭术义. 常用零部件的 Solidworks 三维建模与仿真[M].北京:国防工业出版社,2013.

［26］芮勇勤,金生吉,赵红军. AutoCAD、SolidWorks 实体仿真建模与应用解析[M].沈阳:东北大学出版社,2014.

［27］苑成友. Solidworks 工程项目实践[M].郑州:黄河水利出版社,2013.

［28］曹茹,商跃进. Solidworks 2014 三维设计及其应用教程[M].北京:机械工业出版

社,2014.

[29] 刘庆立,王芳. Solidworks 三维实体设计教程[M].北京:清华大学出版社,2011.

[30] 曹岩. UG NX 7.0 装配与运动仿真实例教程[M].西安:西北工业大学出版社,2010.

[31] 肖祖东,柳和生,李标. UG NX 在机电产品概念设计中应用于研究[M].西安:西北工业大学出版社,2014.

[32] 刘武发,刘德平.机电一体化设计基础[M].北京:化学工业出版社,2007.

[33] 郭为忠,梁庆华,邹慧君.机电一体化产品创新的概念设计研究[J].中国机械工程,2002,13(16):1411 – 1416.

[34] 吕建国,康士廷. ANSYS Workbench14 有限元分析自学手册[M].北京:人民邮电出版社,2013.

[35] 谢龙汉,蔡明京. ANSYS 有限元分析及仿真[M].北京:电子工业出版社,2013.

[36] 武敏,谢龙汉. ANSYS Workbench 有限元分析及仿真[M].北京:电子工业出版社,2014.

[37] 李范春. ANSYS Workbench 设计建模与虚拟仿真[M].北京:电子工业出版社,2011.

[38] 李兵. ANSYS Workbench 设计、仿真与优化[M].北京:清华大学出版社,2014

[39] 黄曙荣,安晶,王伟,等.产品数据管理(PDM)原理与应用[M].镇江:江苏大学出版社,2014.

[40] 周传宏.产品全生命周期管理技术——企业制造资源管理[M].上海:上海交通大学出版社,2006.

[41] 安晶,殷磊,黄曙荣.产品数据管理原理与应用——基于 Teamcenter 平台[M].北京:电子工业出版社,2015.

[42] 徐秋栋.产品全生命周期管理技术——技术基础与案例分析[M].上海:上海交通大学出版社,2006

[43] 孙国栋,郝博.基于 teamcenter 三维模型的产品 PLM 实施[J].成组技术与生产现代化,2011,28(2):48 – 51.

[44] 王春珲,王艳秋. PDM 产品数据管理的敏捷化与动态化实施应用[J].机械工程师, 2011(4):87 – 89.

[45] 宋庭新. 先进制造技术(双语版)[M].北京:中国水利水电出版社,2014.

[46] 朱晓春. 数控技术[M].北京:机械工业出版社,2006.

[47] 王贵成,王振龙. 精密与特种加工[M].北京:机械工业出版社,2013.

[48] 张冬云. 激光先进制造基础实验[M].北京:北京工业大学出版社,2014.

[49] 施於人,邓易元,蒋维. eM – Plant 仿真技术教程[M].北京:科学出版社,2009.

[50] 戴庆辉. 先进制造系统[M].北京:机械工业出版社,2006.

[51] 杨靖. 生产流程管理模式设计[M].北京:机械工业出版社,2008.

[52] 王景贵. 先进制造技术基础实习[M].北京:国防工业出版社,2008.

[53] 左铁钏. 21 世纪的先进制造——激光技术与工程[M].北京:科学出版社,2007.

[54] 单岩,谢斌飞. Imageware 逆向造型技术基础[M].北京:清华大学出版社,2006.

[55] 赵贤民. 机械测量技术[M]. 北京:机械工业出版社,2010.

[56] 张帆,宋绪丁. 互换性与几何量测量技术[M]. 西安:西安电子科技大学出版社,2007.

[57] 周湛学,刘玉忠,等. 数控电火花加工及实例详解[M]. 北京:化学工业出版社,2013.

[58] 白基成,刘晋春,郭永丰,等. 特种加工[M].6 版. 北京:机械工业出版社,2014.

[59] 张世凭. 特种加工技术[M]. 重庆:重庆大学出版社,2014.

[60] 左敦稳,徐锋. 现代加工技术实验教程[M]. 北京:北京航空航天大学出版社,2014.

[61] 唐秀梅,李海泳,杨润石,等. NX CAM 初级编程实践教程[M]. 北京:清华大学出版社,2013.

[62] 周晓宏. 电火花加工技术与技能训练.提高篇[M]. 北京:中国电力出版社,2015.

[63] 周晓宏. 电火花加工技术与技能训练.基础篇[M]. 北京:中国电力出版社,2015.

[64] 李海泳,王辛牧,师俊东,等. NX CAM 多轴加工编程实践教程[M]. 北京:清华大学出版社,2014.

[65] 李铁钢,李名雪,张连军,等. Edgecam 应用教程[M]. 北京:机械工业出版社,2015.